A Wild Child's Guide to Endangered Animals

美麗的滅絕
世界瀕危動物圖鑑

米莉·瑪洛塔
Millie Marotta

海洋

- 9　虎尾海馬　Tiger Tail Seahorse
- 11　曲紋唇魚　Humphead Wrasse
- 13　歐洲鰻　European Eel
- 15　路易氏雙髻鯊　Scalloped Hammerhead Shark
- 17　海獺　Sea Otter
- 19　漂泊信天翁　Wandering Albatross

森林

- 23　達爾文狐　Darwin's Fox
- 25　齒鳩　Little Dodo Bird
- 27　角囊蛙　Horned Marsupial Frog
- 29　查島鴝鶲　Black Robin
- 31　毛腿漁鴞　Blakiston's Fish Owl
- 33　㺢㹢狓　Okapi
- 35　黃眼企鵝　Yellow-eyed Penguin
- 37　草原西貒　Chacoan Peccary

沙漠

- 41　野生雙峰駱駝　Wild Bactrian Camel
- 43　兔耳袋狸　Greater Bilby
- 45　戈壁棕熊　Gobi Bear
- 47　魔鱂　Devils Hole Pupfish

淡水

- 51　恆河鱷　Gharial
- 53　塞馬環斑海豹　Saimaa Ringed Seal
- 55　塔斯馬尼亞巨型螯蝦　Tasmanian Giant Freshwater Lobster
- 57　墨西哥鈍口螈　Axolotl
- 59　栗腹鷺　Agami Heron
- 61　亞洲龍魚　Asian Arowana

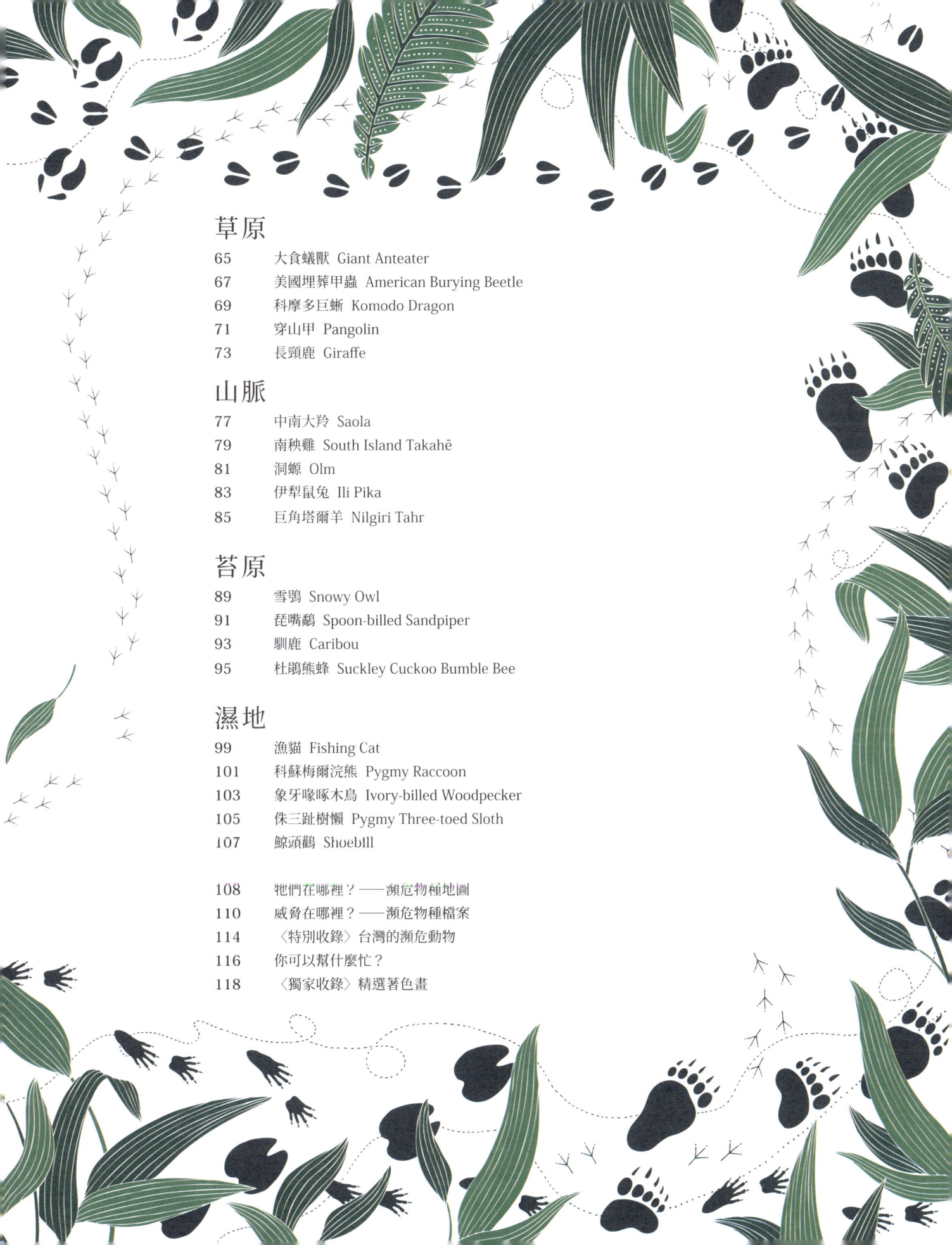

草原

- 65　大食蟻獸　Giant Anteater
- 67　美國埋葬甲蟲　American Burying Beetle
- 69　科摩多巨蜥　Komodo Dragon
- 71　穿山甲　Pangolin
- 73　長頸鹿　Giraffe

山脈

- 77　中南大羚　Saola
- 79　南秧雞　South Island Takahē
- 81　洞螈　Olm
- 83　伊犁鼠兔　Ili Pika
- 85　巨角塔爾羊　Nilgiri Tahr

苔原

- 89　雪鴞　Snowy Owl
- 91　琵嘴鷸　Spoon-billed Sandpiper
- 93　馴鹿　Caribou
- 95　杜鵑熊蜂　Suckley Cuckoo Bumble Bee

濕地

- 99　漁貓　Fishing Cat
- 101　科蘇梅爾浣熊　Pygmy Raccoon
- 103　象牙喙啄木鳥　Ivory-billed Woodpecker
- 105　侏三趾樹懶　Pygmy Three-toed Sloth
- 107　鯨頭鸛　Shoebill

- 108　牠們在哪裡？——瀕危物種地圖
- 110　威脅在哪裡？——瀕危物種檔案
- 114　〈特別收錄〉台灣的瀕危動物
- 116　你可以幫什麼忙？
- 118　〈獨家收錄〉精選著色畫

當我還是個孩子的時候,我就著迷於各式各樣的動物,無論大的、小的、毛絨絨或長著羽毛的、水裡游的、路上走的、天上飛的,還是滑溜爬行的,我都想要知道牠們的一切。現在的我,依然跟當時一樣熱愛大自然,但是在長大成人的過程中,動物王國已經發生了很大的改變。今天的我們,失去物種的速度,比發現新物種的速度還要快。

國際自然保護聯盟(International Union for Conservation of Nature)所編製的「IUCN 紅色名錄」,能告訴我們世界各地不同物種的生存狀況,並評估出牠們的滅絕風險。到目前為止,聯盟已評核了將近 97,000 種生物,但令人難過的是,其中竟有超過四分之一的生物,正面臨瀕臨絕種的危機。我們都知道威武的大象、迷人的大熊貓、深具魄力的黑猩猩,和雄偉的北極熊們所身處的困境,但其他同樣正在消失中、卻很少人提起牠們的物種呢?神祕的海底六角恐龍寶寶、渡渡鳥失散已久的表親、超巨型龍蝦,以及令人難以置信、但數量的確正在減少的馴鹿——牠們也都需要我們的幫助和關注。

要選擇收錄哪些動物到本書裡,是個很艱難的任務。我先從 IUCN 紅色名錄開始查看,然後再從國家地理雜誌、世界自然基金會(World Wildlife Fund, WWF)和其他網路資源中,找到更多瀕危動物的相關資料。書中介紹的每種動物,牠們的生態都相當獨特,例如女王蜂頂替者、懂得資源回收再利用的甲蟲、

睡在半空中的鳥、居住在沙漠中的魚以及會走路的松果……等，牠們不僅講述了動物族群的輝煌發展，也同時提醒我們，當又一個物種永遠消失時，這個生氣蓬勃的世界將會有多大的損失。最終，我挑選了來自全球不同棲息地的各種鳥類、無脊椎動物、魚類、哺乳類、爬蟲類和兩棲動物。

隨著本書，你可以從海洋悠遊至森林，從群山之巔到北極苔原，你將會發現許許多多以這些地區為家的瀕危物種。如果你想要幫助牠們存活並繁衍下去，想知道自己可以做些什麼，那麼在本書的最後，可以看看我所提出的一些建議。

我希望你會和我一樣愛上這些動物，這些美麗的生物正在為自己珍貴的生命而努力，而藉由讚頌牠們，有助於激勵下一代的自然生態保育人士、博物學家、生物學家、動物學家、志工，和愛好自然的人。最真實的美妙奇蹟，莫過於我們的動物王國，所有物種，都值得在這個世界上占有一席之地。

米莉・瑪洛塔

Millie Marotta

海 洋

鹹鹹的海洋占了地球表面積的 70% 以上，大西洋、太平洋、印度洋、南極海和北極海，這五大洋加總起來，成了地球上最大的生物棲息地。海洋是地球最初的生命起始之處，至今也持續孕育著最多樣性的生命，從熱帶溫暖海域的珊瑚礁群，到深海的海溝；從冰天雪地的極地地區，到淺海的海草床，如萬花筒般絢麗的各式生物們，就這樣在海中的許多棲息地裡，生長並繁衍著。

True love 真愛

Tiger Tail Seahorse
虎尾海馬

　　世上只有三種動物是由雄性負責懷孕的，虎尾海馬正是其中之一（另外兩種是楊枝魚和葉形海龍）。不過，同樣是海馬，有許多種類僅在繁殖季節期間忠於自己的伴侶，每天以求偶舞蹈向對方打招呼；其他種海馬則是終其一生保持單一伴侶，虎尾海馬就是其中一種，她也因為尾巴有著醒目的條紋而得此名。

　　在交配的時候，雌虎尾海馬會將卵產在雄海馬肚子底部的育兒袋裡，雄海馬讓卵在育兒袋中受精後，會將牠們繼續安穩地存放於袋內，同時提供營養使其漸漸成長，等到兩到三週後，數百隻迷你而健全的虎尾海馬，就會從袋內被噴射到海水中。這些才一公分長的小寶寶，會立刻離開父母獨立，並隨著大海洋流慢慢漂開。

　　海馬其實是相當不會游泳的，為了捕捉獵物，牠們必須仰賴偽裝與隱密的行動。牠們會把自己固定在一株珊瑚上，然後改變身體的顏色以免被獵食者或獵物發現。牠們靜靜等待，張著沒有牙齒的長嘴巴預備著，然後在美味的豐年蝦漂過時，將其一把吸進嘴裡。

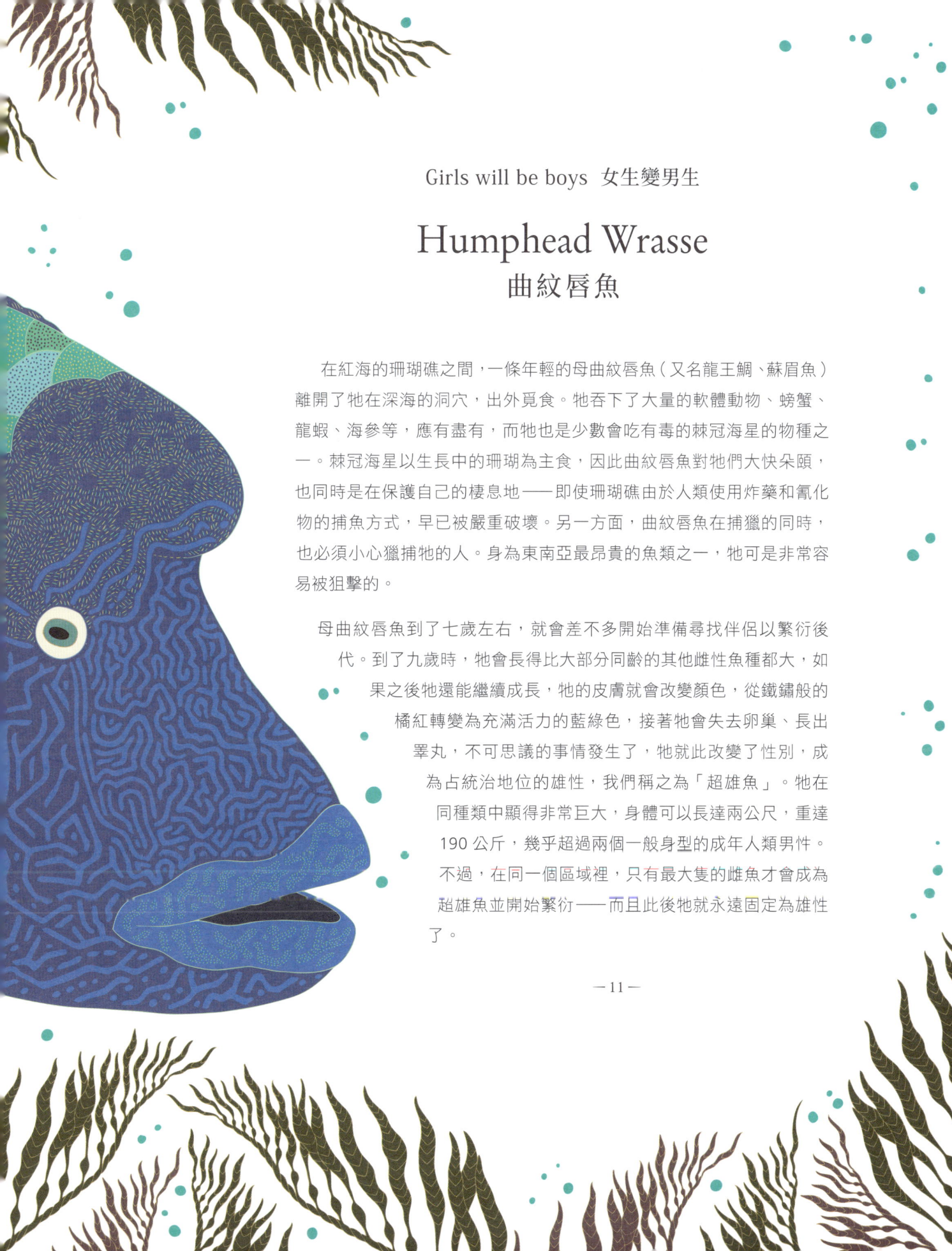

Girls will be boys 女生變男生

Humphead Wrasse
曲紋唇魚

在紅海的珊瑚礁之間，一條年輕的母曲紋唇魚（又名龍王鯛、蘇眉魚）離開了她在深海的洞穴，出外覓食。她吞下了大量的軟體動物、螃蟹、龍蝦、海參等，應有盡有，而她也是少數會吃有毒的棘冠海星的物種之一。棘冠海星以生長中的珊瑚為主食，因此曲紋唇魚對牠們大快朵頤，也同時是在保護自己的棲息地——即使珊瑚礁由於人類使用炸藥和氰化物的捕魚方式，早已被嚴重破壞。另一方面，曲紋唇魚在捕獵的同時，也必須小心獵捕牠的人。身為東南亞最昂貴的魚類之一，牠可是非常容易被狙擊的。

母曲紋唇魚到了七歲左右，就會差不多開始準備尋找伴侶以繁衍後代。到了九歲時，牠會長得比大部分同齡的其他雌性魚種都大，如果之後牠還能繼續成長，牠的皮膚就會改變顏色，從鐵鏽般的橘紅轉變為充滿活力的藍綠色，接著她會失去卵巢、長出睪丸，不可思議的事情發生了，牠就此改變了性別，成為占統治地位的雄性，我們稱之為「超雄魚」。牠在同種類中顯得非常巨大，身體可以長達兩公尺，重達190公斤，幾乎超過兩個一般身型的成年人類男性。不過，在同一個區域裡，只有最大隻的雌魚才會成為超雄魚並開始繁衍——而且此後牠就永遠固定為雄性了。

A slippery odyssey 滑溜的漂泊

European Eel
歐洲鰻

　　自遠古以來，北大西洋中間的馬尾藻海（Sargasso Sea）一直堅守著它的秘密：歐洲鰻的幼體在那裡孵化，然後由此開始一段可能持續幾十年的旅程。牠們出生時是呈現葉狀且透明的，長度只有大約一公分左右，在洋流中漂流三年，跨越了 5,500 公里後，牠們才終於到達了歐洲的海岸，在那裡，牠們會向河口聚集，然後轉變為微型的成魚或鰻線（elvers）。雄魚通常會持續在河口徘徊，而雌魚則會沿著河流往上游，到歐洲各地的河流和湖泊去尋找牠們的家，從挪威到埃及，牠們可能會待在那裡長達 20 年，並成長到一公尺長。直到某個沒有月亮、暴風雨的秋夜，牠們感覺到了一股難以壓抑的衝動，使牠們迫切地想要回到自己的出生地。而後牠們就會開始游向馬尾藻海的深海，繁衍後代，最終死去。

　　人們一直都知道歐洲鰻是生活在淡水之中，但卻從來沒找到卵，也沒觀察到牠們的繁衍狀況，所以關於鰻魚的神祕起源，一直有些很誇張的傳說：比如鰻魚寶寶是從其他魚類的鰓生出來的，或是馬的鬃毛掉進河裡就會變成鰻魚。一直要到 1914 年，丹麥的海洋科學家約翰內斯・施密特（Johannes Schmidt）才在馬尾藻海中，發現了這令人振奮的真相。

Accidental catch 意外被捕

Scalloped Hammerhead Shark
路易氏雙髻鯊

演化經常會造就相貌奇特的生物，比如路易氏雙髻鯊（又稱錘頭鯊）。牠槌狀的頭翼不但讓牠成為優秀的游泳健將，配合閃電般的快速轉向，捕獵也因此變得輕而易舉。此外，寬闊的眼距提供了雙髻鯊卓越的雙眼視覺，與 360 度的立體視野（不過也有盲點，就在牠的鼻子前方）。另一方面，牠的鼻孔由於同樣相距很遠，所以牠甚至可以分辨出晚餐的味道，是從哪邊的鼻孔方向傳來，而牠那小到令人難以置信的嘴巴（以鯊魚的標準來說），加上方向朝內的尖齒，更適合精確咬住光滑的魚身，並將牠們一口吞下肚。

然而，到現在仍沒有人知道，為什麼這些巨大的魚類會一次又一次地重複聚集在同樣的水域中，形成龐大的魚群，數量甚至可能多達上百條。這種可預測的行為，成了牠們的致命弱點，因為貪婪的漁夫完全清楚該去哪裡找牠們。除此之外，雙髻鯊被捕獲的其他原因則完全是意外──牠們不小心被原本要捕捉其他魚類的漁網所困住了。由於鯊魚呼吸的方式，是藉由游泳前進時張開嘴巴，從流經鰓的水中吸收氧氣，所以當牠們一旦被漁網纏住，便會因不能游泳而導致呼吸困難。而雙髻鯊的嘴巴又特別小，因此造成了更嚴重的後果。

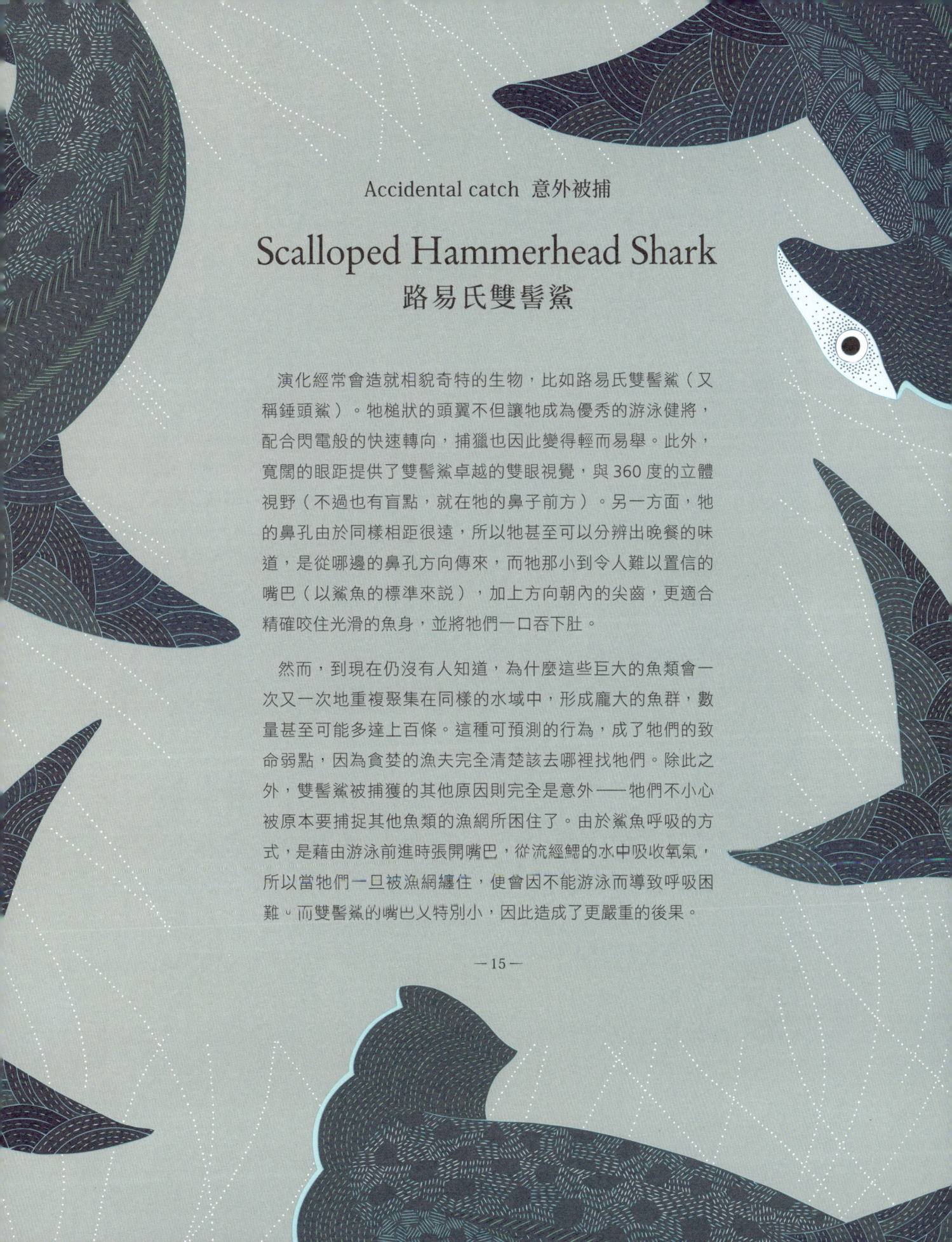

Helping heroes 互助英雄

Sea Otter
海獺

在北太平洋和白令海之間的阿留申群島水域，冬天的水溫會降到攝氏零度，所以保暖成了最至關重要的事。對海獺來說，雖然牠不像鯨魚和海豹那樣，表皮被厚厚的油脂層所覆蓋，卻擁有著一身可靠且極為密實的毛皮大衣。牠身上的毛比任何動物都濃密：身體表面每平方英吋就有 25 萬到 100 萬根毛，附帶一提，人類的頭髮大約是每平方英吋 10 萬根。

海獺必須吃很多東西來保持溫暖，每天至少要吃到體重四分之一的分量才夠。牠們不但會潛到水裡捕食貽貝、海螺、螃蟹和蛤蜊，也是已知的少數幾種會使用工具的哺乳類動物：牠們會從海床上挖出石頭，拿來撬開這些海鮮們的堅硬外殼。不過，真正讓海獺成為「關鍵物種」的原因，其實是來自於牠們對海膽的絕佳胃口。

所謂的「關鍵物種」，是指在生態系統中扮演著極為重要角色的決定性物種，換句話說，如果海獺消失了，整個地球的生態體系都會受到影響。海藻會吸收海水中的二氧化碳，使海洋生態環境保持著健康狀態，但是海膽卻會吞噬海藻林，造成巨大的破壞。幸好海獺覺得這種刺刺的毀滅者非常美味，加上牠們的食量又大，因此能有效抑制海膽的數量，同時保衛了自己與許多其他生物的棲息環境。

Asleep in mid-air　在半空中入睡

Wandering Albatross
漂泊信天翁

　　在已知的 22 種信天翁之中，漂泊信天翁可稱得上是長距離飛行冠軍，到 55 歲之前，一隻漂泊信天翁飛行的總距離，差不多能繞地球 149 圈。藉由運用動態滑翔與坡面滑翔的技術，牠一天可以翱翔數百公里之遠，而不需要拍動任何一下翅膀。

　　為了達到滑翔需要的高度，牠會先轉向迎著風展翅，順著上升氣流攀升，直到無法再繼續上升為止，接著牠就會向下傾斜，飛快加速，並準備著下一次的向上旋轉。而這項精巧的飛行技術，並不用花費太多力氣，藉由能鎖住肩膀肌腱的身體構造，漂泊信天翁的翅膀能輕鬆保持伸展狀態，而不需要任何肌肉用力。牠也因此能一邊睡覺一邊飛翔──讓翅膀維持張開，並關閉一半的大腦。

　　漂流信天翁只會在繁殖期靠岸，而且每兩年才會配對一次，確認了配偶後，牠們一次只產一隻雛鳥。親鳥非常辛苦，有時可能要飛行數千公里才能帶回一頓飯。從出生經過七到九個月的養育期之後，雛鳥就會發育完全，準備飛離巢穴。而一旦牠們升空，待在海上的時間可能長達十年之久。

一

森林

森林覆蓋了地球陸地面積的三分之一,除了南極洲之外,世界上每一塊大陸都有森林。在生機勃勃的熱帶森林裡,全年氣溫都很暖和,雨量也很充沛;溫帶森林則四季分明,可以體驗到溫暖的夏季和寒冷的冬季,裡面的落葉樹在秋天時還會紛然落葉;極北林區(boreal forest,又稱寒帶針葉林區)有著松樹和冷杉,它們在短暫的夏季與漫長而寒冷的冬季中茁壯成長。在森林生態系統內,從地面開始,穿過濃密的底層植物,再到最高的林冠頂端,每一分空間裡,都滿布著成千上萬的生物。

Helping the theory of evolution　進化論成就幫手

Darwin's Fox
達爾文狐

　　1834 年，當小獵犬號於智利外海的奇洛埃島靠岸時，25 歲的查爾斯‧達爾文非常敏銳地發現了一隻當地的狐狸，牠長得與南美洲大陸上的狐狸不一樣，頭部比較寬、腿比較短，而且毛色也較黑。他發現牠坐在小獵犬號上方的岩石上，正注視著船上的水手。

　　達爾文當時聲稱這是一個新物種，但直到 1996 年，科學家對達爾文狐的 DNA 進行研究後，才真正證實了這一點。牠起源自大約 27 萬 5 千年前的共同祖先物種（common descent），而後分歧演化成了近似狐狸的獨特物種（偽狐屬），相較於狐狸，牠其實與狼和豺狼才有著實際的親緣關係。

　　為了能更了解可愛的達爾文狐，我們目前仍在持續努力，然而由於牠們的數量很少，因此這實在是相當有挑戰性的任務。最後一次的估計數字是：南美洲大陸上有 227 隻，奇洛埃島上有 412 隻，保守預估總數為 639 隻。

　　狐狸通常非常機智，適應性也極強，在世界各地──從冰天雪地的北極到乾旱沙漠平原，幾乎每一個棲息地都能看到牠們的身影。但全球只有這一個角落發現過達爾文狐。不過，最近似乎在更遙遠的地區，也能找到牠們的零星蹤跡，這真的是非常令人振奮的發現，或許牠們的現存數量，比我們先前預想得還多。

A true original 真正的始祖

Little Dodo Bird
齒鳩

　　自歐洲人登上模里西斯島後，他們與隨行而來的豬、貓與老鼠，都一直在大肆獵捕著島上一種充滿好奇心、又不會飛行的鳥類，以至於在西元 1662 年時，最後一批渡渡鳥被宣告從此滅絕。接著到了大約 200 年後，某隻齒鳩（又稱小渡渡鳥）在薩摩亞群島上跌跌撞撞地穿過茂密森林時，這種現存最古老的渡渡鳥近親之一的物種，才被西方探險家發現。

　　要看到齒鳩是非常困難的，他們只生存在薩摩亞群島上，而且是薩摩亞國的重要象徵，在當地，他們被稱為「manumea」，形跡極其神祕，由於體型只比烏鶇大幾公分，深色的羽毛更提供了絕佳的偽裝，因此從 2013 年至今，竟只有過一次被目擊的紀錄，而在那之前的十年間，則是連一次都沒有。牠們是捉迷藏高手，雖然體型粗壯，翅膀也短，但在森林中穿梭的速度卻快得驚人，能輕易逃過科學家的追蹤。截至目前為止，人類從未發現過牠們的巢穴，我們甚至連巢是築在地上還是樹上都不知道，也不知道牠們的壽命有多長。不過有一件事是我們很確定的：就是這種獨特的鳥類與地球上其他現存物種都沒有相近的關係──牠們是真正的始祖鳥。

The ultimate protector 終極保鑣

Horned Marsupial Frog
角囊蛙

「有袋類」哺乳動物的幼體出生時，還處在未發育完全的非常早期狀態，因此相當脆弱無助。牠們出生之後，會爬進母親肚子上的育兒袋中，接著安穩地待在袋子裡面吸吮母乳，直到發育完全，袋鼠和無尾熊就是很典型的有袋類動物。不過，角囊樹蛙並不是哺乳類動物，牠雖然跟其他青蛙一樣是兩棲動物，但和牠們做事情的方式卻不太一樣。大部分青蛙會把卵產在淡水中，但角囊蛙卻是由雄蛙將受精卵推入雌蛙背上的育兒袋內。這些卵會安全地存放在袋中，免受饑餓的捕食者攻擊，然後得以漸漸發育成蝌蚪，接著長出蛙腿，60 到 80 天後達到完全成形狀態，包括小小的角和其他器官都一應俱全。

不過，有一種致命的傳染性真菌，正在世界各地的兩棲動物種族中造成嚴重破壞，即使是最盡心盡力的青蛙父母，也無法完全抵禦它。目前雖然還沒有辦法能完全控制住它在野生蛙群中的擴散狀況。但幸好目前在巴拿馬有一個進行中的繁殖計畫，希望能保護這些樹棲蛙的未來。牠們是在大約四千萬至六千萬年前，就演化出了類似有袋動物的產育行為，成為牠們毫無防禦能力的後代們的終極保鑣。

— 27 —

Take two 第二回合

Black Robin
查島鴝鶲

目前所有現存的查島鴝鶲（也叫黑知更鳥），都是來自同一對查島鴝鶲的後代——雌鳥叫老藍（Old Blue），雄鳥叫老黃（Old Yellow）。1969 年，庫克船長登上了紐西蘭島，船上的貓和老鼠也隨之上岸，並開始大量捕殺查島鴝鶲。到了 1976 年，島上只剩下七隻鳥倖存，於是保育人士將牠們都移到了芒哲雷島，並種植兩萬棵樹供牠們棲息與繁殖。但儘管如此，到了 1980 年，不僅沒有任何雛鳥誕生，更有兩隻鳥死亡。

最後，在剩餘的五隻鳥中，只有老藍跟老黃這一對成功繁衍了後代，但是，老藍當時已經非常老了，牠的年齡早已到了查島鴝鶲一般壽命的兩倍，加上查島鴝鶲一年才養育一到兩隻幼鳥。為了提高族群數量，保育人士將牠們的蛋移走，交給其他近親鳥類孵育，目的是要讓老藍與老黃再多產一些卵。

在這些寄養家庭中，林鶯擔任養父母的任務失敗了，因為牠們餵幼鳥的食物量不夠；另一方面，雀鴝鶲成功了，不過這些幼鳥長大後，卻以為自己是雀鴝鶲，而只想要和雀鴝鶲交配。最後解決的辦法是在蛋孵化後幾天，就把寄養的幼鳥還給老藍照顧——這次成功了！

今天，在芒哲雷島與蘭加堤拉島上，已有超過 250 隻的查島鴝鶲成鳥。

The anonymous owl 無名小卒

Blakiston's Fish Owl
毛腿漁鴞

　　毛腿漁鴞（又稱島梟），是世界上最大也是最具絕種危機的貓頭鷹，生活在俄羅斯東南部、中國東北部和日本北海道的河岸林區（也就是靠近水的森林）。雌性的體型通常比雄性大25%，身高略高於70公分，體型和三歲的人類小孩差不多大，翅膀張開的長度則將近兩公尺。因為牠體型的關係，加上耳朵兩旁各有一大叢毛，在昏暗的光線下，很容易被誤認為是山貓，有時甚至是熊。

　　毛腿漁鴞是夜行性生物，能在黑暗中潛入水裡捕魚，甚至可以從河中拉出體重是牠兩到三倍的鮭魚。不過，牠們現在卻正面臨著各種生存威脅：鮭魚被過度捕撈而減少，人類的設網捕捉，還有其他對森林的破壞行為，例如林地濫墾、非法或不符合永續發展的伐木行為、森林大火，以及開闢馬路穿過牠們築巢所在的老森林等等。

　　要說服人們保護他們從來沒聽過的貓頭鷹很困難，但是毛腿漁鴞找到了一個意想不到的盟友，那就是東北虎──受到保育的「旗艦」物種。為了阻止老虎棲息地被進一步破壞，許多團體要求伐木公司關閉不再使用的道路，並限制人類進入，而這種貓頭鷹界的無名小卒，也就可能從中受益。

The forest giraffe 森林長頸鹿

Okapi
獾狐狓

　　獾狐狓（又稱歐卡皮鹿）是一種外表有點超現實的動物，牠看起來似乎是由很多動物所組成的：身體有部分像馬，腿上則有斑馬的條紋，還有一些鹿的特徵，以及一點棕牛的感覺。牠讓人們困惑了很多年，還曾被稱為「非洲獨角獸」。科學家們認為牠如果不是驢，就是斑馬，而叢林部落的人則相信牠就是馬。但其實獾狐狓與長頸鹿的親緣關係最近，牠們有著同樣的深色舌頭、長脖子，就連走路的姿勢也跟長頸鹿一樣：身體同一側的兩條腿會一起移動，而不像其他有蹄的哺乳類動物，走路時腿是交替移動的。

　　獾狐狓有時也被稱為森林長頸鹿，牠們生活在剛果民主共和國茂密的低地雨林中。在離牠孩子不遠的地方，一隻母獾狐狓正在啃食樹葉和草，甚至有時會吃下一些有毒的真菌。為了忍受有毒真菌，牠會吃被雷劈到的樹木上的碳，這種碳是一種絕佳的解毒劑。母獾狐狓和牠的孩子以一種祕密的語言交流，這種聲音的頻率非常低，牠們主要的掠食者例如豹（或人類）都聽不到，很類似於大象、鯨魚，和短吻鱷等動物使用的次聲波。

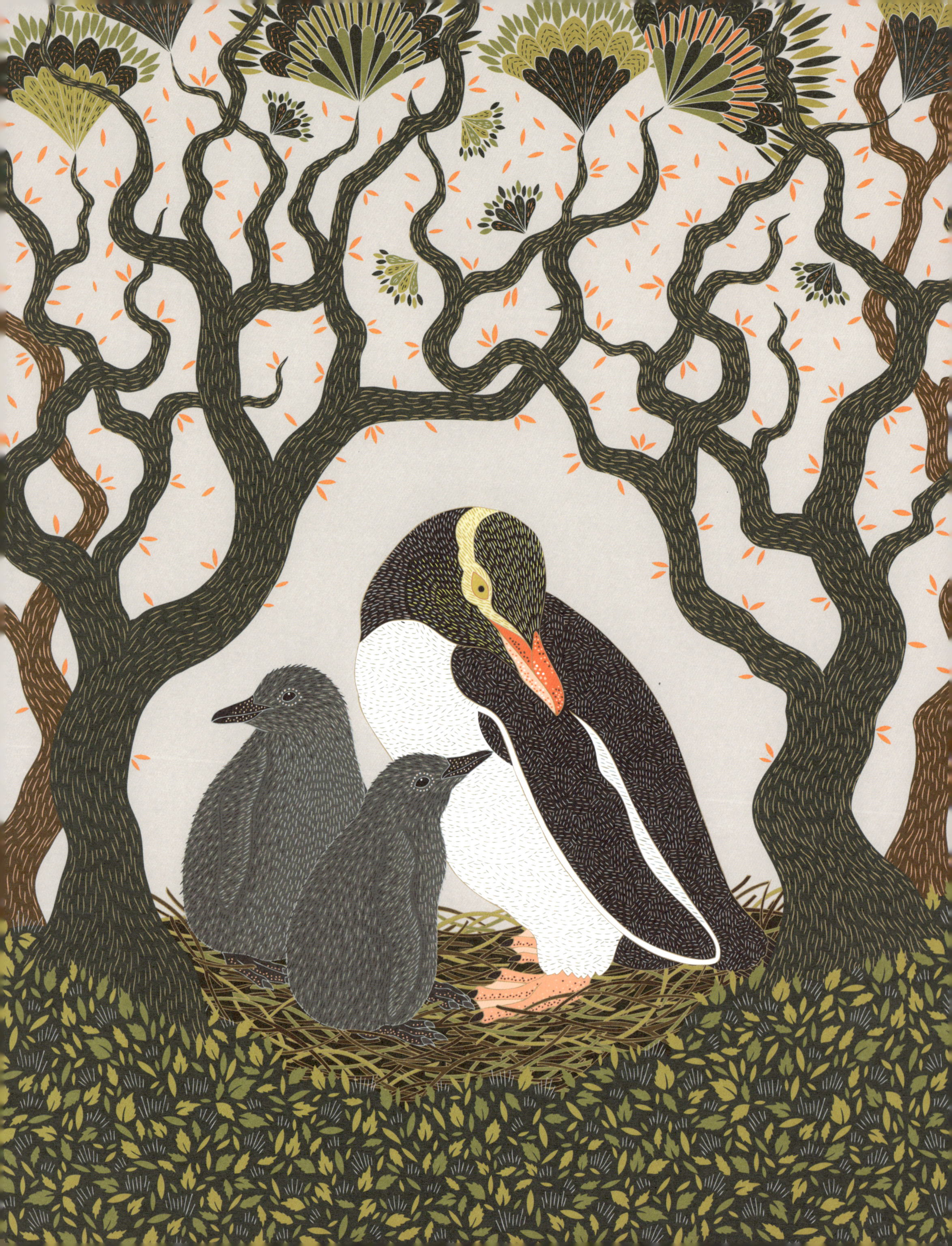

Going the extra mile 多走幾英里

Yellow-eyed Penguin
黃眼企鵝

　　黃眼企鵝是一種吵鬧的鳥類，而且叫聲非常尖銳，毛利人把牠們叫做「Hoiho」，意思是「噪音大喊者」。牠們只生存於紐西蘭，肖像還被印在紐西蘭的五元紙鈔上。目前野生的數量僅剩 3,400 隻，被認為是世界上最瀕臨絕種的企鵝。牠們受到的威脅包括陸地上的捕食者，例如白鼬、雪貂和野貓，以及水中的鯊魚和海獅等，然而最大的危險是來自拖網漁船。

　　牠們跟其他種企鵝一樣，雖然在堅實地面上蹣跚而行的模樣會有些笨拙，但在水中的活動能力則完全彌補了這一點，當牠們深潛入水尋找魚和烏賊時，就像魚雷一樣飛快疾行，距離最遠可達離岸十英里處。一旦捕魚探險結束，肚子填飽了，就是時候回到巢裡了。在海上勞累一天之後，隨著日幕低垂，企鵝爸媽把自己拖出水面，開始了艱苦的跋涉。牠們爬過岩石，穿過茂密的植被，加上這段路程通常是上坡路，這對牠們短短胖胖的小腳來說，是一場相當長的馬拉松。但牠們還是必須回家，飢餓的小企鵝們正熱切地等待著牠們的鮮魚晚餐。在小企鵝還很小的時候，父母會每天輪流去走這趟旅途，一隻出去，另一隻留在家守衛。

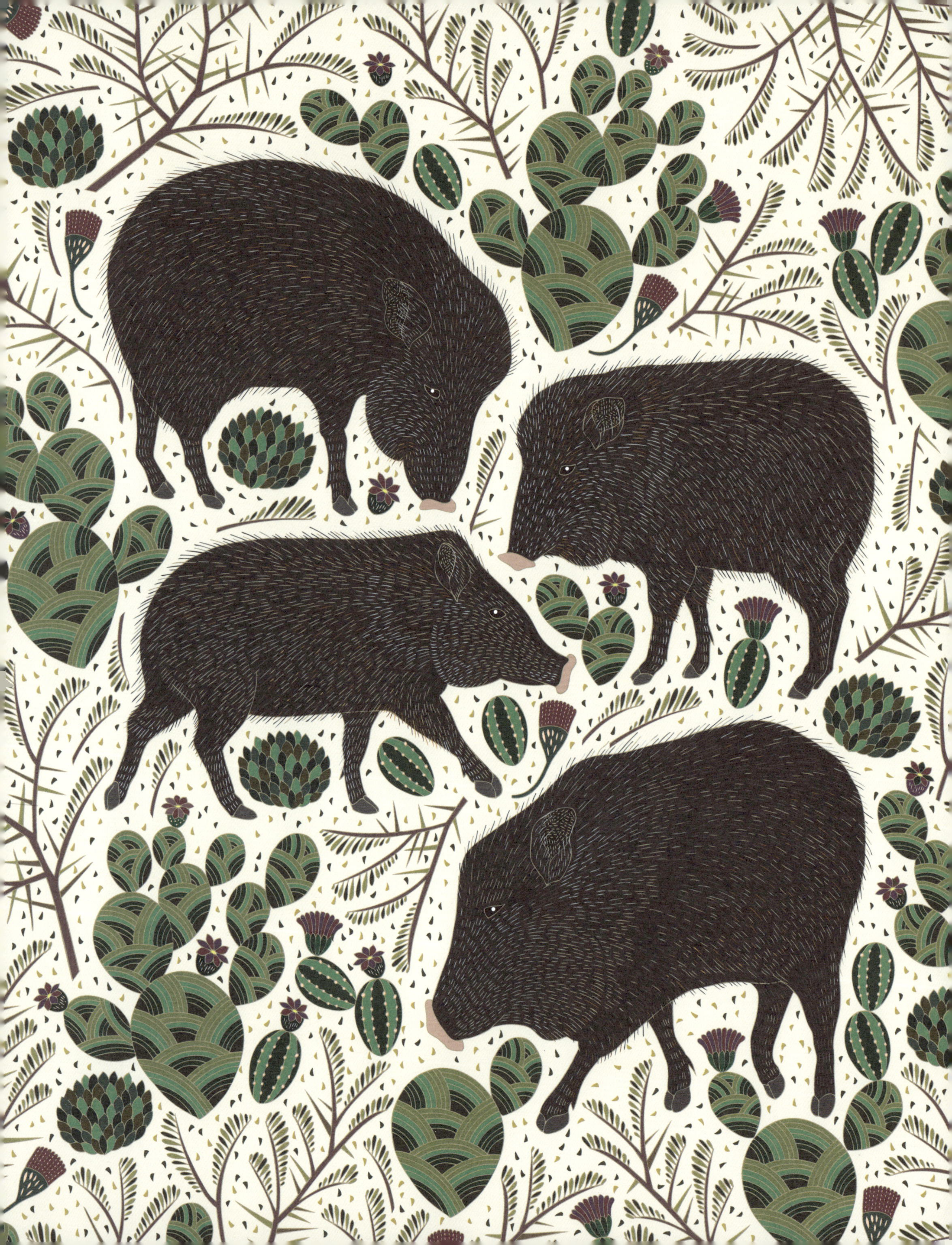

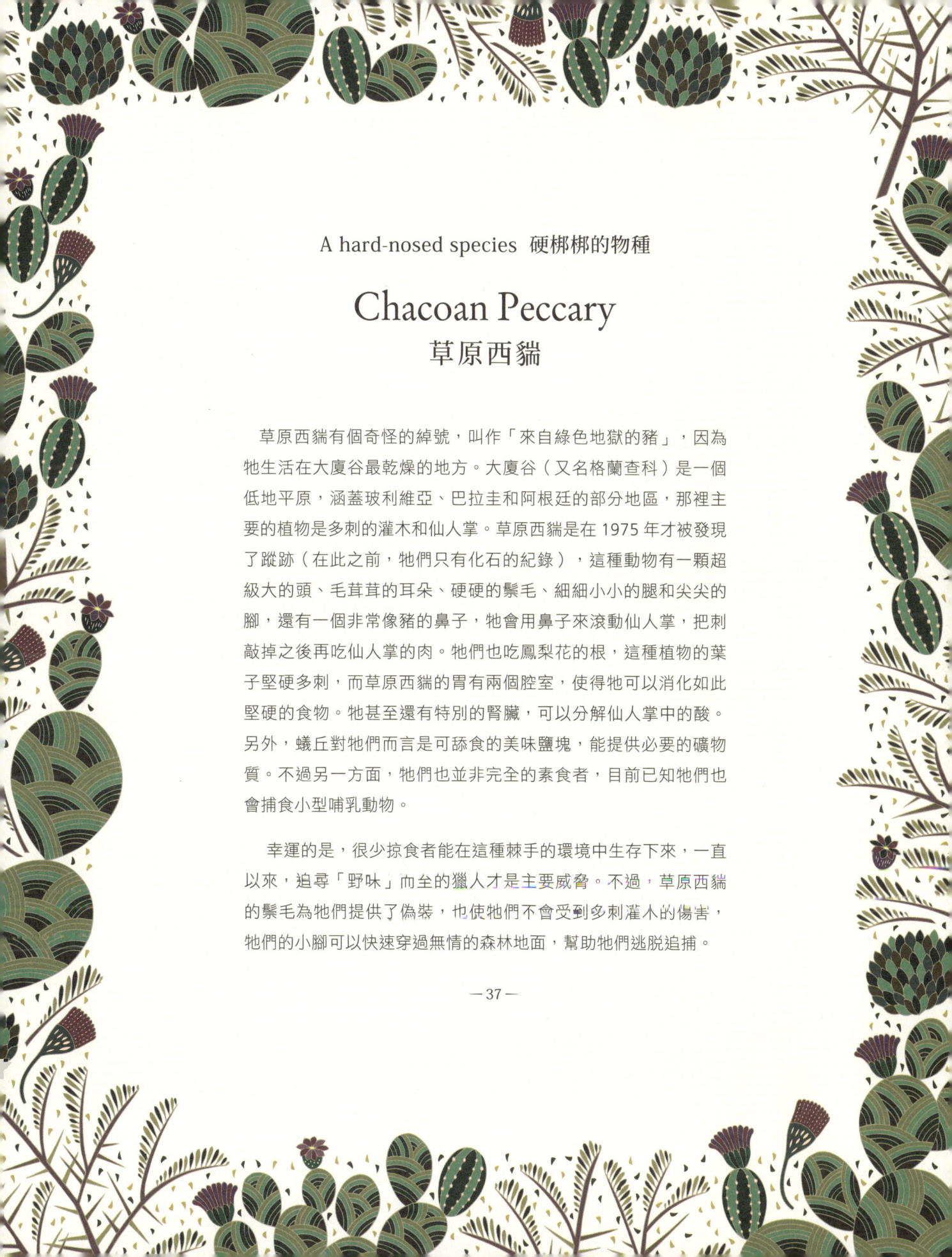

A hard-nosed species 硬梆梆的物種

Chacoan Peccary
草原西貒

　　草原西貒有個奇怪的綽號，叫作「來自綠色地獄的豬」，因為牠生活在大廈谷最乾燥的地方。大廈谷（又名格蘭查科）是一個低地平原，涵蓋玻利維亞、巴拉圭和阿根廷的部分地區，那裡主要的植物是多刺的灌木和仙人掌。草原西貒是在 1975 年才被發現了蹤跡（在此之前，牠們只有化石的紀錄），這種動物有一顆超級大的頭、毛茸茸的耳朵、硬硬的鬃毛、細細小小的腿和尖尖的腳，還有一個非常像豬的鼻子，牠會用鼻子來滾動仙人掌，把刺敲掉之後再吃仙人掌的肉。牠們也吃鳳梨花的根，這種植物的葉子堅硬多刺，而草原西貒的胃有兩個腔室，使得牠可以消化如此堅硬的食物。牠甚至還有特別的腎臟，可以分解仙人掌中的酸。另外，蟻丘對牠們而言是可舔食的美味鹽塊，能提供必要的礦物質。不過另一方面，牠們也並非完全的素食者，目前已知牠們也會捕食小型哺乳動物。

　　幸運的是，很少掠食者能在這種棘手的環境中生存下來，一直以來，追尋「野味」而至的獵人才是主要威脅。不過，草原西貒的鬃毛為牠們提供了偽裝，也使牠們不會受到多刺灌木的傷害，牠們的小腳可以快速穿過無情的森林地面，幫助牠們逃脫追捕。

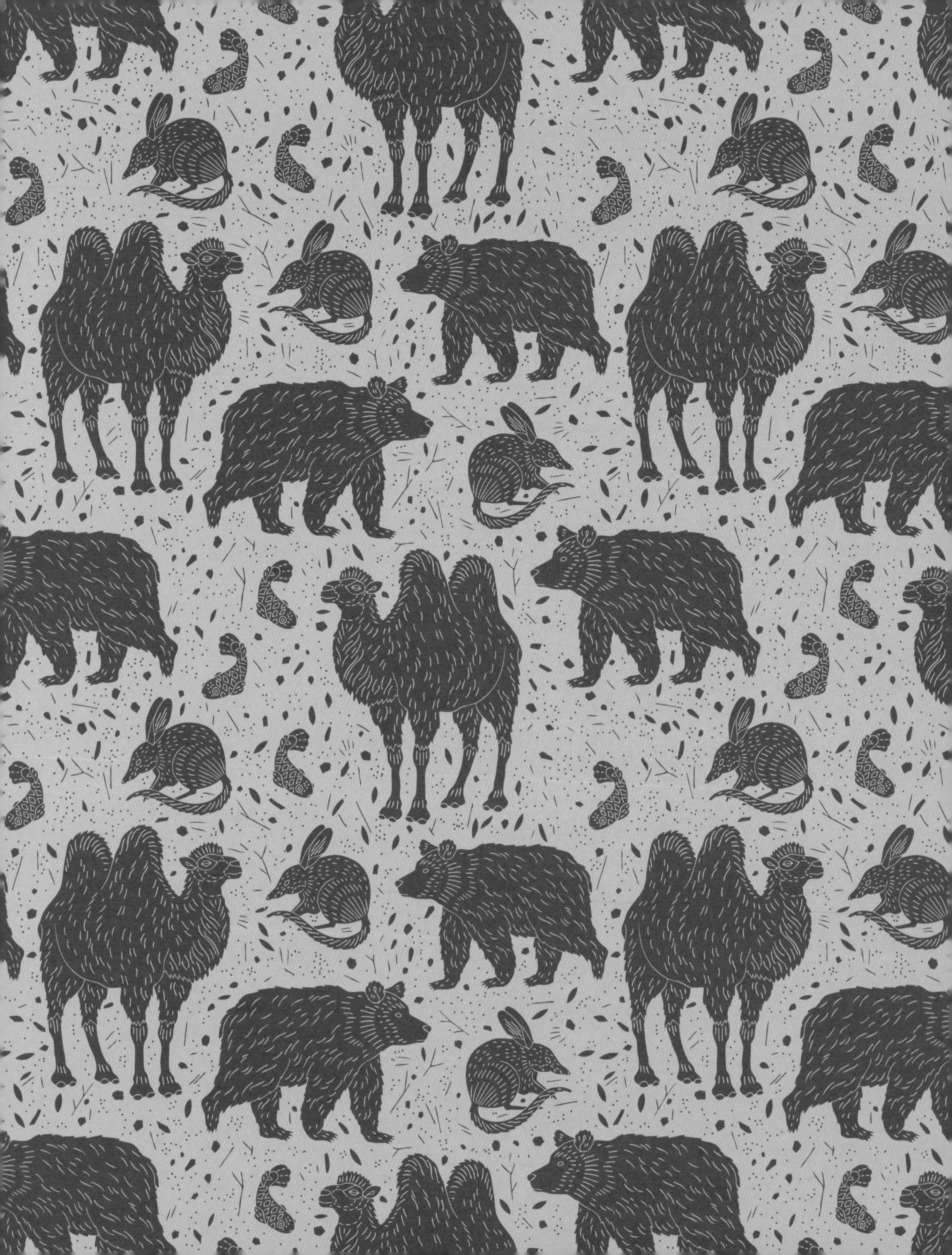

一

沙漠

從撒哈拉沙漠烈火般的橘紅色沙丘，到戈壁狂風吹拂的山脈；從寒冷極地的冰天雪地，到莫哈韋的崎嶇地形，所有沙漠都有個共同點：降水稀少，或者根本不降水。沙漠覆蓋了地球表面約五分之一的面積，是地球上最不適宜居住的棲息地之一。很難想像有什麼東西能存活在其中，更不用說蓬勃生長了，不過，它們確實充滿了生命。

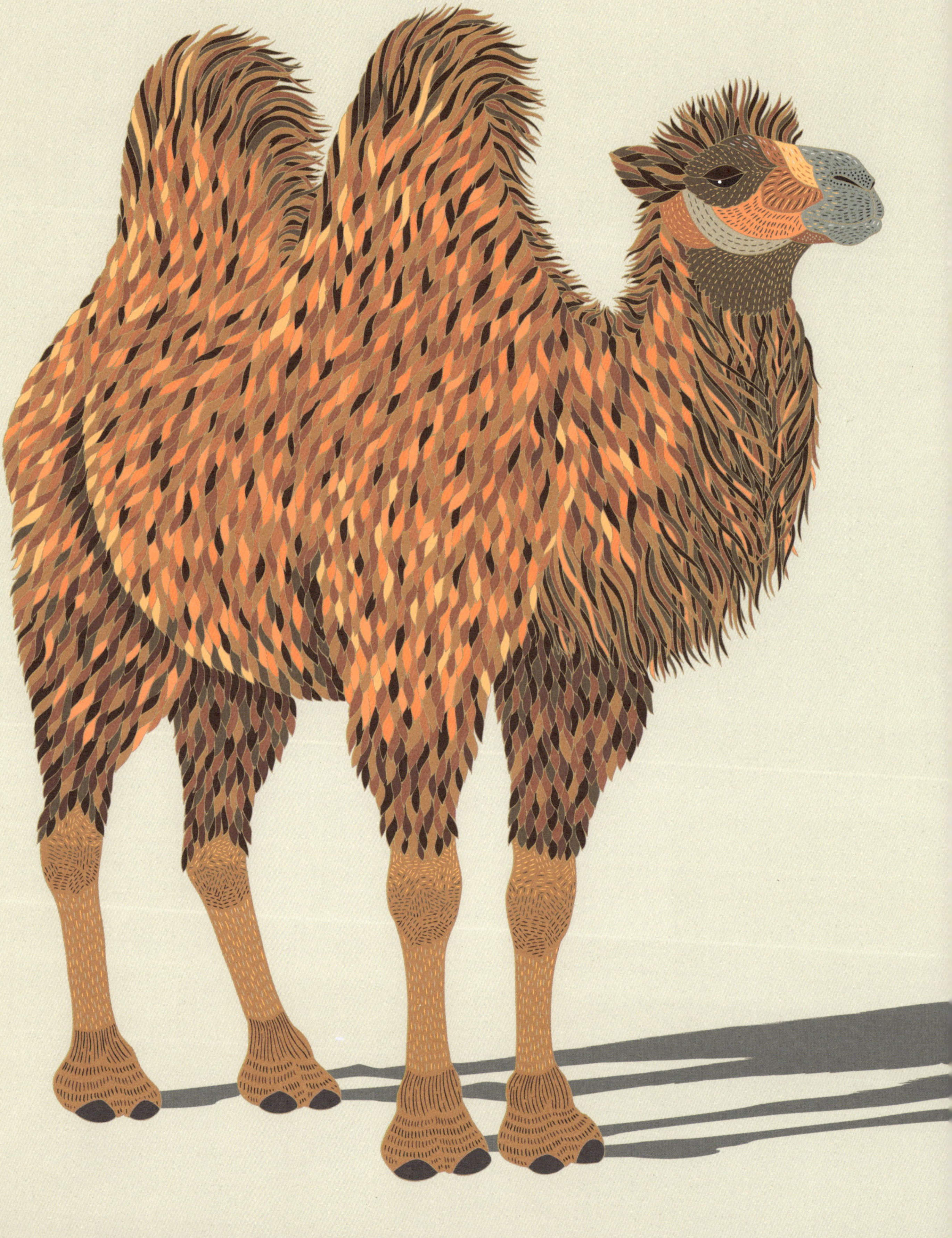

Extreme survival 極限生存

Wild Bactrian Camel
野生雙峰駱駝

　　野生雙峰駱駝是目前唯一僅存的野生駱駝。這位堅毅的生存主義者，能夠生活在地球上最不適宜居住的地方之一——戈壁沙漠：亞洲最大的沙漠地區，面積涵蓋約 130 萬公里遠，橫跨了中國北部和蒙古南部的邊界。

　　在沙漠裡因為水和食物都相當稀少，所以對駱駝來說，要生存最好的辦法，就是一有機會就盡量囤積資源，把熱量以脂肪的模式儲存在幾個駝峰裡，之後再轉化為能量。另外，由於鹹水泉可能是此處唯一可取得的水源，因此牠們還必須能忍受鹽水。加上沙漠的夏天溫度高達攝氏 50 度，冬天的溫度又會驟降到攝氏負 40 度，所以牠們披著一件冬天厚而蓬鬆、夏天又可以脫掉的毛大衣。為了在岩石地形和流沙中行進，牠們還有一雙像雪鞋一樣有著軟墊的大腳。而要抵禦沙漠中挾帶沙子的狂風，則必須要有護目鏡：也就是牠們兩片眼瞼上的超長睫毛，第三排睫毛在眼皮下面，這樣就可以把眼球上的灰塵擦掉。可密閉的鼻孔也相當有幫助。

　　最後，而且也是相當重要的一點，萬一你身在中國用來當作核武試驗場且使用了 45 年的沙漠地帶，勢必要有某種形式的防輻射保護裝備。而野生雙峰駱駝連這樣的狀況也挺過來了。

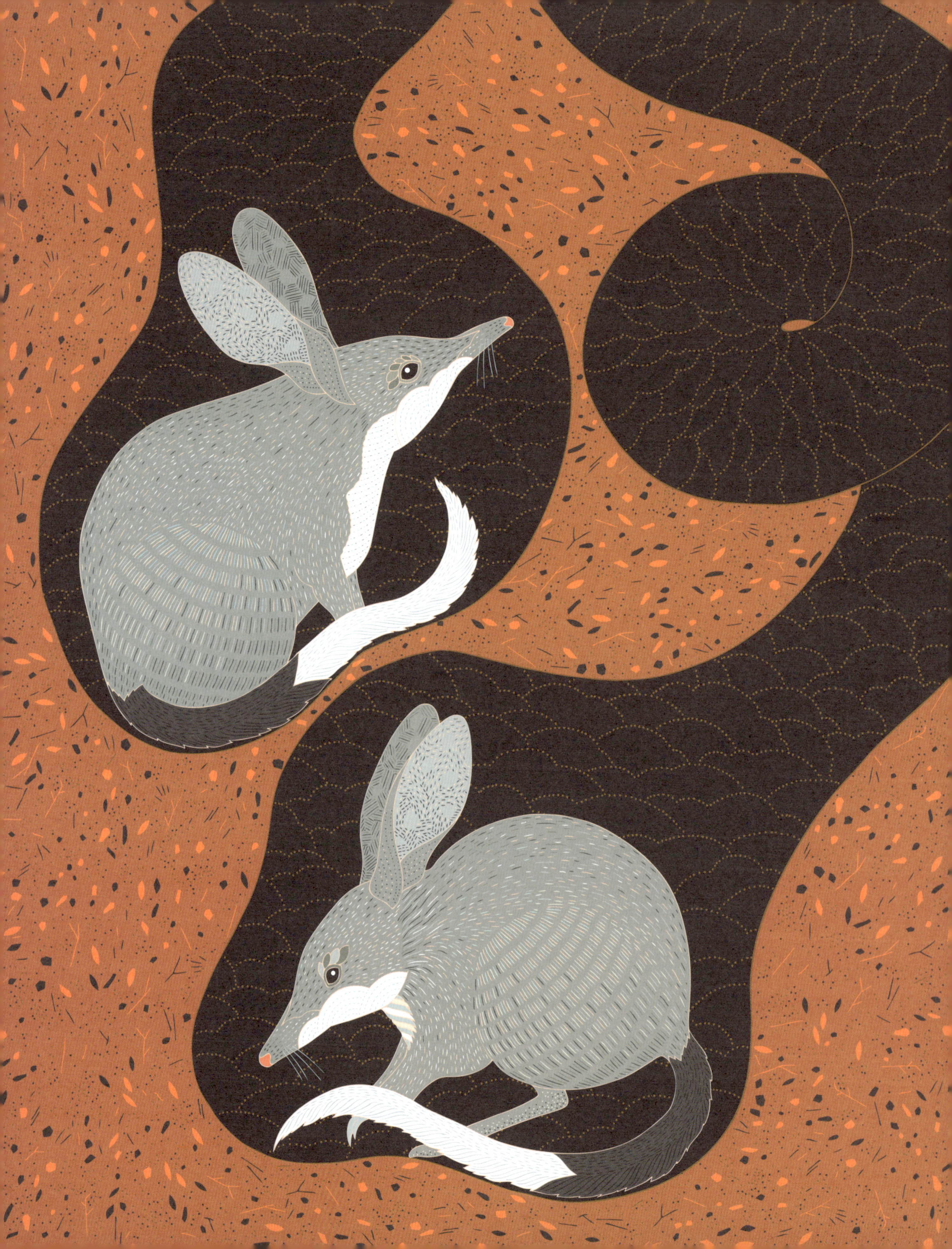

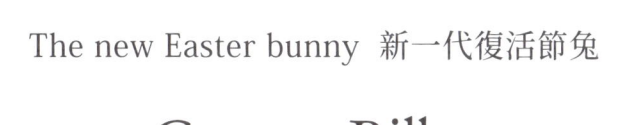

The new Easter bunny 新一代復活節兔

Greater Bilby
兔耳袋狸

　　在乾燥酷熱的澳洲沙漠中發生的叢林大火，對野生動物來說是毀滅性的災害。但是另一方面，火也能帶來生命：清除老舊的植物，並促進新生命萌生。在大火過後的幾天，柔軟的綠芽開始冒出地面，兔耳袋狸非常鍾愛它們。牠待在地底下三公尺深的螺旋形洞穴裡，等著火焰熄滅，晚上才會出來聞聞地面涼爽、焦黑的泥土，用牠高度敏感的長鼻子四處嗅尋著美味的蟲子，同時用兔子般的大耳朵聆聽是否有危險。

　　兔耳袋狸的原名是「bilby」，這個字是來自澳洲土著語，意思是「長鼻鼠」。在澳洲大陸自在悠遊了 1,500 萬年之後，牠們現在卻只存活於一小塊地區裡，數量也變得十分稀少，在整個澳洲西部和北領地的沙漠地區裡，只剩位於昆士蘭的一個寂寞又孤立的族群。兔耳袋狸正受到非本地的掠食動物——野貓和狐狸的攻擊，而另一種進口物種兔子，則是牠們食物的重大競爭者。

　　兔耳袋狸是目前世界上僅存的袋狸，而牠的稀有（和可愛）程度，更引發了一場不尋常的活動！在澳洲的復活節時，巧克力兔耳袋狸已經取代了巧克力兔，成為最新一代的節慶糖果，這實在是個能提高關注度和籌集資金的美味方式！

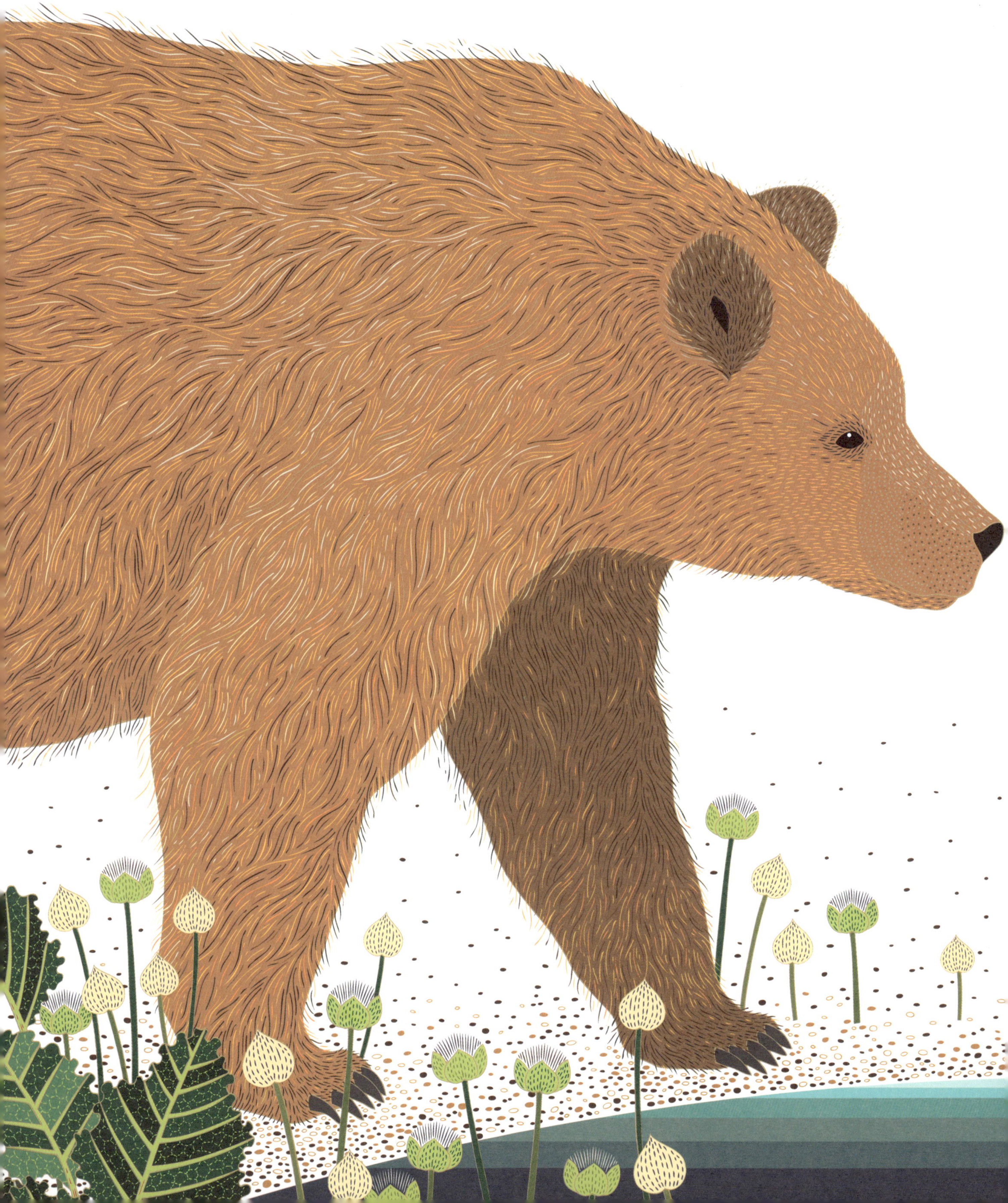

Desert dweller 沙漠居民

Gobi Bear
戈壁棕熊

太陽升起，戈壁沙漠上的各種生物也醒了過來：蜥蜴、獵鷹、沙鼠、箭豬、駱駝、羱羊……等等。在崎嶇不平的地形上，隨著春天的到來，一隻皮毛蓬鬆的金棕色小熊從冬眠中甦醒，開始尋找野生大黃根、莓果、草芽，和野生洋蔥的蹤跡（也許偶爾還會嚐嚐齧齒動物的滋味）。同時牠也會喝足了化石水：這個化石水是來自幾個世紀前降的雨，至今仍保存在稀疏的綠洲，而這裡也是水從地下深處湧出來的地方。這些綠洲是非常重要的，因為戈壁沙漠的某些地區根本沒有降雨。

戈壁棕熊，也就是蒙古人口中的「mazaalai」，是世界上唯一完全生活在沙漠中的熊類，牠可能比其他所有熊類，更接近原始的亞洲棕熊祖先。牠獨自生活，只有在繁殖或母熊撫養小熊的時候例外。根據估計，現在數量只剩下不到40隻，而且沒有一隻被圈養。這幾隻熊是世界上最後一批戈壁棕熊，牠們所面臨的挑戰，除了因人類開採黃金、銅，和煤炭所造成的環境破壞，還有被偷獵的威脅，牠們要努力在荒野的偏遠地帶生存下去。

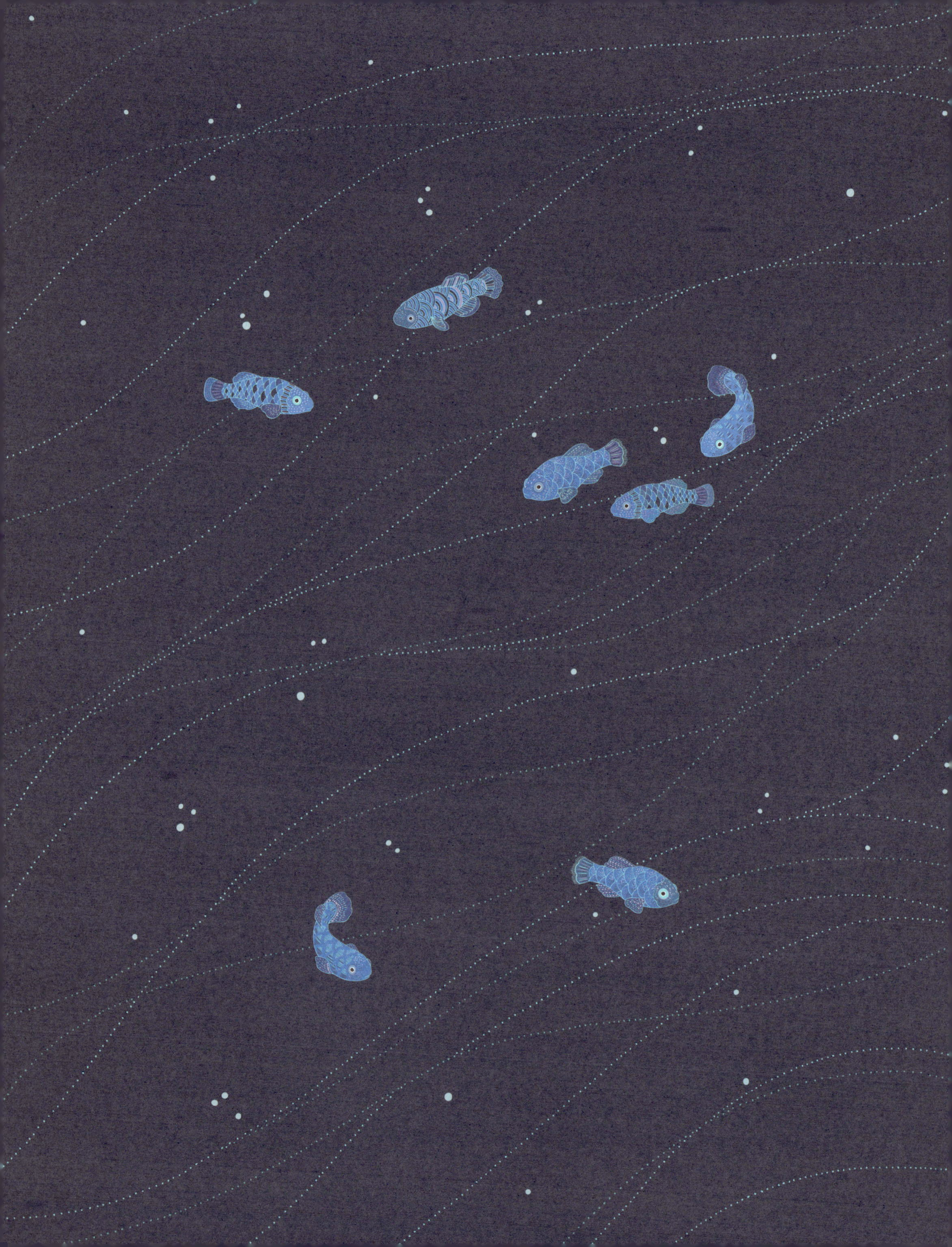

The world's loneliest species 世界上最孤獨的物種
Devils Hole Pupfish
魔鱂

在莫哈韋沙漠中，由鹽鹼地所覆蓋的死亡谷深處，有一個魔鬼洞。從狹長的岩縫進入，可以通往一個被水淹沒、超過 150 公尺深的小石灰岩洞穴。生活在那裡的，是一種長度不到三公分，卻異常堅韌的小魚——魔鱂。這是世界上最稀有的一種魚類，也是最孤立隔絕的一個物種，這個洞穴就是牠們在世界上唯一的家園。我們有時會用「如魚離水」來形容人不得其所的窘境，但這種魚可是能自在地存活於沙漠中心。

在這裡的生活就是一項耐久的壯舉：魔鱂只靠吃藻類生存，且這裡水的溫度和我們泡熱水澡的溫度一樣高，這對其他大部分魚類來說都是致命的。除此之外，我們過去曾以為洞裡鹽分高、氧氣含量低，所以至少不用擔心掠食者，但最近科學家們在人工飼養魔鱂的水族箱中發現，有一種同樣生活在惡魔洞中的小甲蟲，竟會捕食魔鱂卵和小魚。但我們還不能確定甲蟲是否也會對野生魔鱂構成威脅。

那麼，魔鱂到底是怎麼來到這個洞穴裡的呢？科學家目前還很疑惑。是在數萬年前，當河流和湖泊乾涸時，牠們擱淺於此所導致的嗎？還是祖先被鳥類帶到這裡，在過去的數千年中，進化成了魔鱂？關於這個問題的解答，科學家們仍在繼續探索。

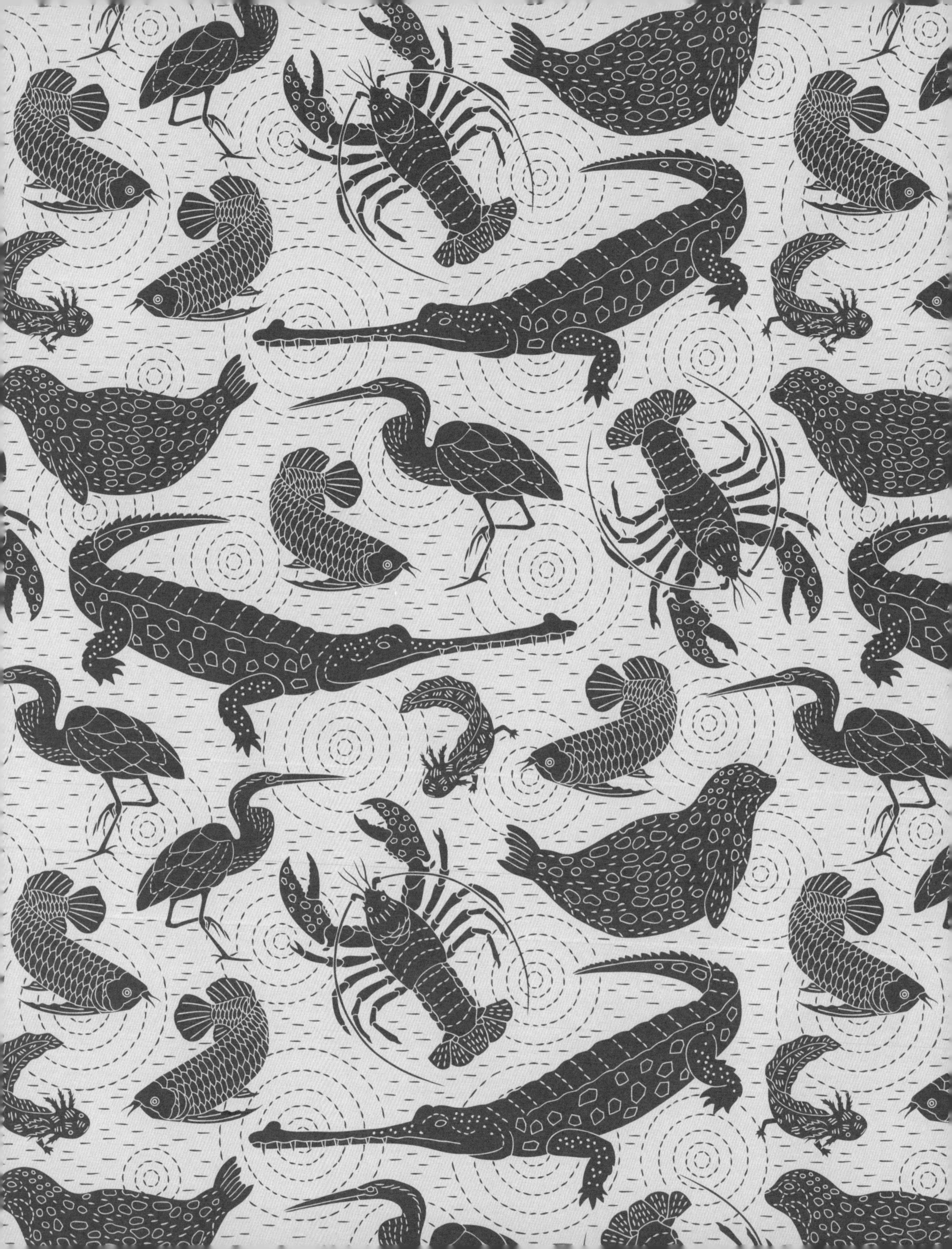

一

淡水

從混濁滾騰的亞馬遜河到冷冽深沉的尼斯湖，淡水棲息地遍佈全球，卻只占地球表面積的 0.01%。不過，無論是山頂上的寒冷湖泊、沿著山谷蜿蜒前進的河流、潺潺流過森林的小溪，還是我們自家後院的池塘，淡水為超過 10 萬種以上的物種提供了家園，也給無數的其他物種，提供了食物、水分和避難所。

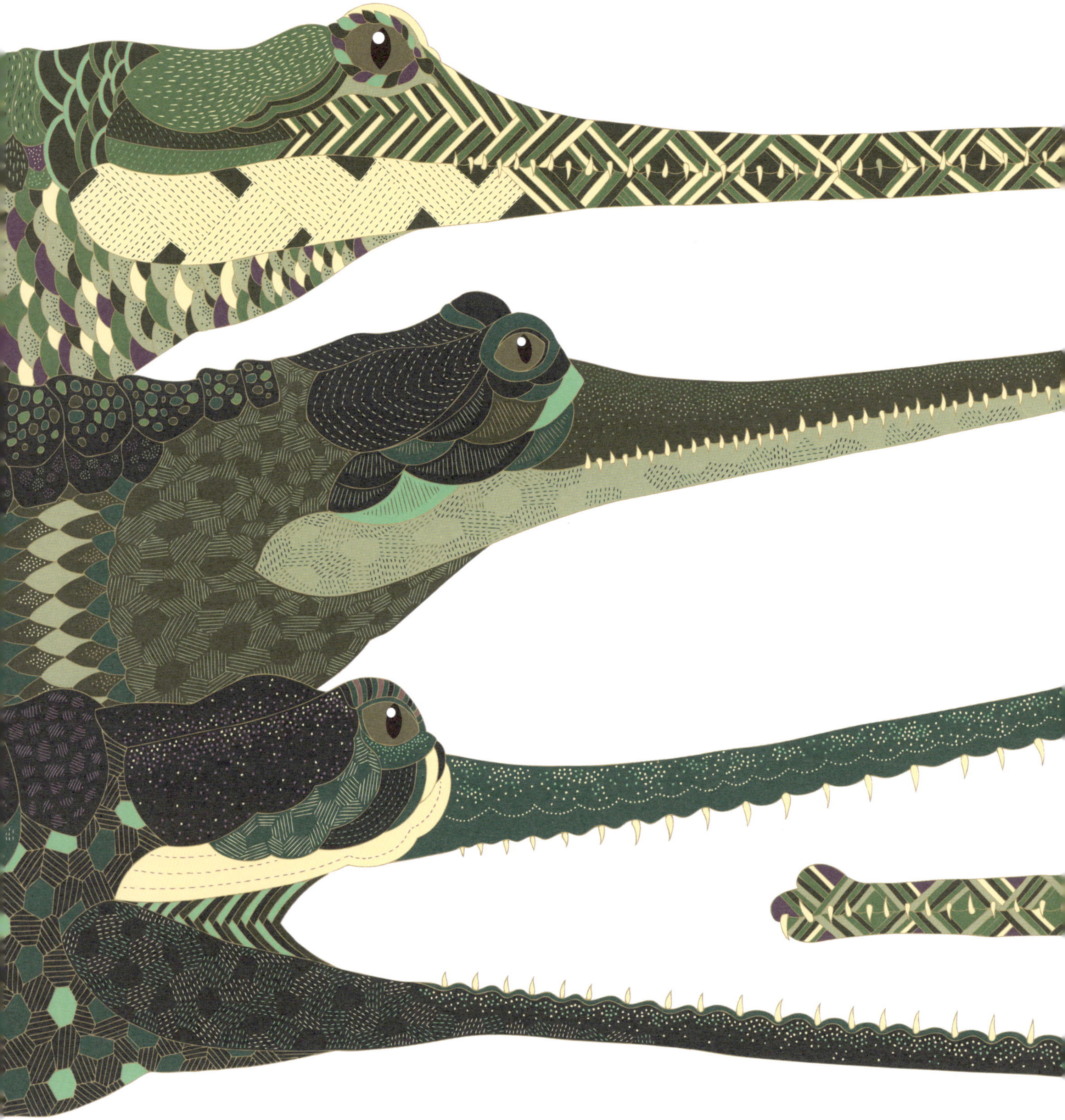

Relic of the dinosaurs 恐龍殘跡

Gharial
恆河鱷

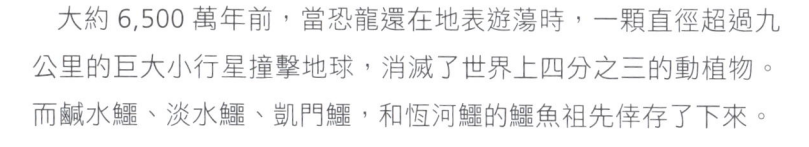

　　大約 6,500 萬年前，當恐龍還在地表遊蕩時，一顆直徑超過九公里的巨大小行星撞擊地球，消滅了世界上四分之三的動植物。而鹹水鱷、淡水鱷、凱門鱷，和恆河鱷的鱷魚祖先倖存了下來。

　　恆河鱷是所有鱷魚中最大的一種，雄恆河鱷從頭到腳長達五到六公尺，跟最大的大白鯊差不多。牠又長又窄的口鼻部（會隨著年齡增長，變得更長更窄）裡，有 110 顆互相咬合的鋒利牙齒，非常適合在水中抓魚，口鼻末端還有個奇特的球狀突起，印度話稱為「壺」，能發出嗡嗡的聲音，幫助雌性找到成熟的雄性，或者這也可能是用來吹泡泡的工具，可以在求偶期間吸引雌性。

　　如今，這一點尤其重要，儘管在過去，從巴基斯坦、孟加拉、不丹到緬甸的河岸上，都可以看到恆河鱷在曬太陽，但是現在，整個印度和尼泊爾只剩下三個繁殖群體了。

— 51 —

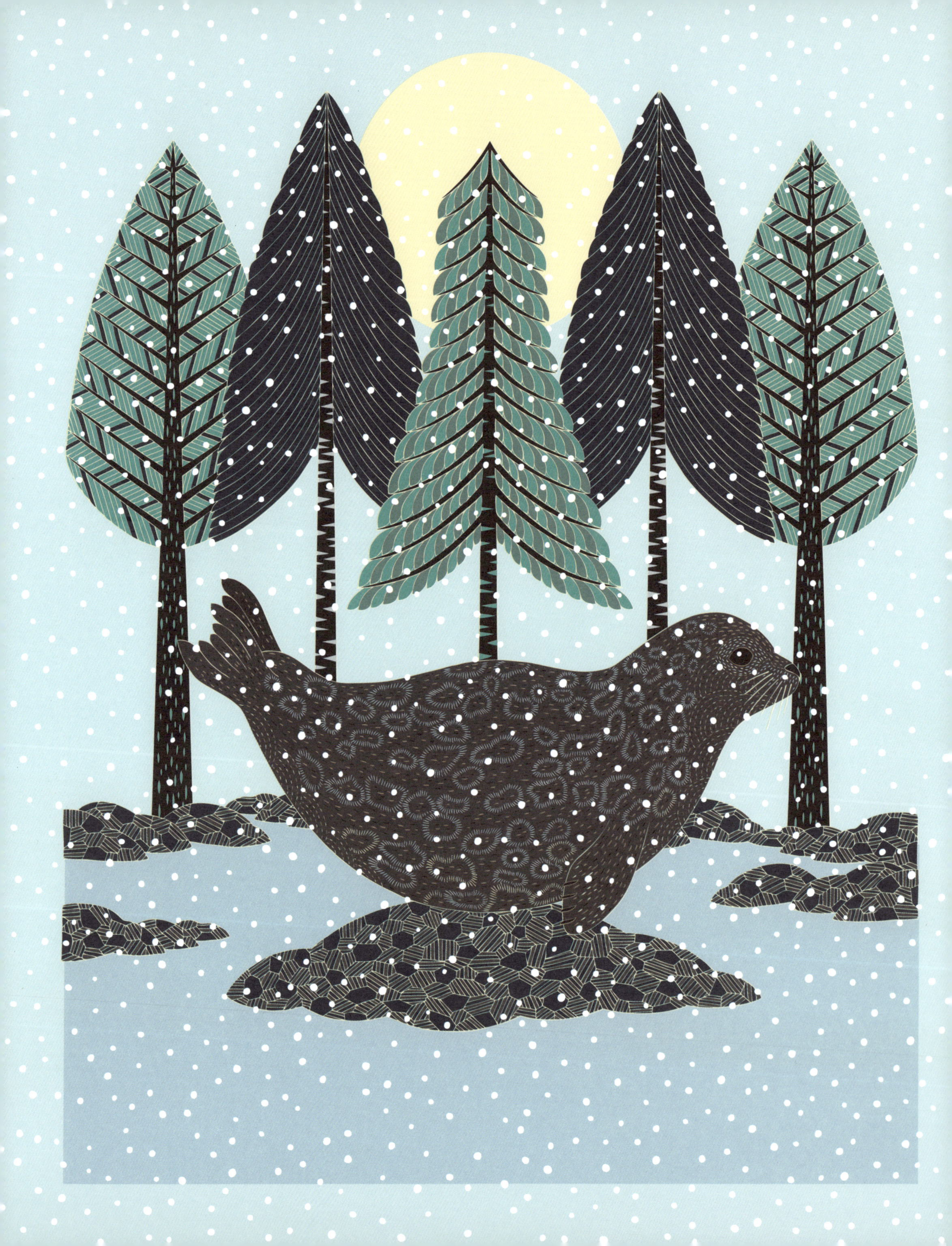

Isolated but not alone　孤立但不孤單

Saimaa Ringed Seal
塞馬環斑海豹

塞馬環斑海豹是世上少數的淡水海豹之一，自從冰河時代末期，芬蘭的塞馬湖與海洋隔絕後，牠們就演化成可以在沒有鹽水的情況下生存。每隻海豹的毛皮都有獨特的圖案，就像我們的指紋一樣。

圓滾滾的海豹，在陸地上移動起來一點也不優雅，厚厚的脂肪層會隨著每次推進而扭動，但是在水中就完全不一樣了，儘管牠的體型龐大，卻是靈活而完美的流線型，因此，海豹幾乎所有的時間都選擇待在湖裡或湖面上，也就不足為奇了。牠們甚至還會在水裡睡覺——保持直立地漂浮著，像個軟木塞一樣。結冰期開始時，牠們會在冰面上建造巢穴並產育後代。他們會在雪堆挖出一個洞（牠們的爪子非常適合抓住東西和雕刻冰洞），在冰面下做出一個祕密入口，在那裡面，海豹寶寶們可以保持乾燥、溫暖和安全，同時免受掠食者的傷害。

但是，不斷上升的氣溫影響了降雪，冰冷的海岸上不再有足夠的雪堆，懷孕的海豹也因此無法建造起牠們的庇護所。幸好，熱心的自然資源保護主義者和志工們，開始擔任起人體掃雪機，從挖雪、鏟雪，到做出人造雪堆一手包辦，這對苦苦尋覓巢穴的雌海豹來說，是再完美不過的了。

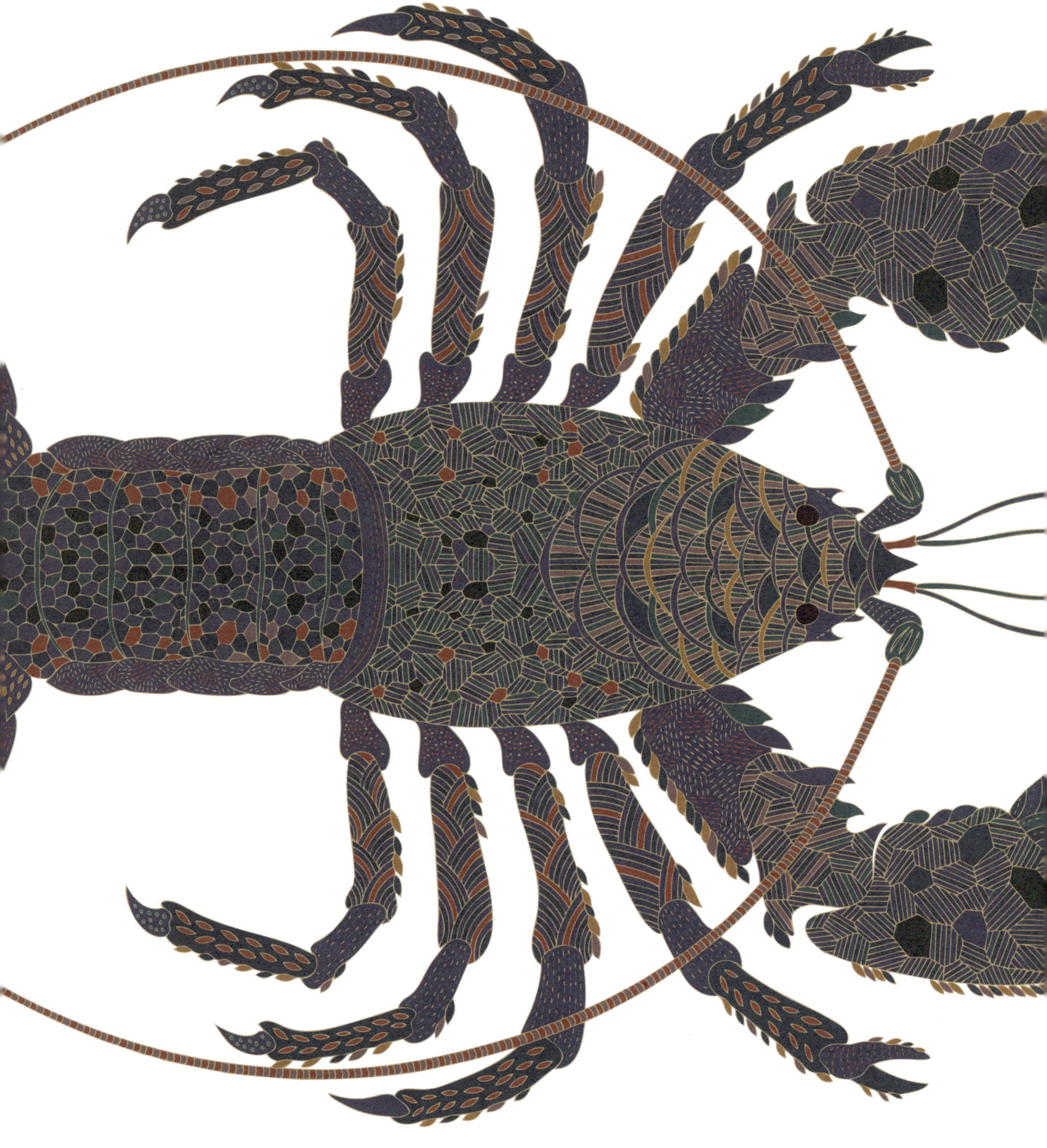

A living fossil 活化石

Tasmanian Giant Freshwater Lobster
塔斯馬尼亞巨型螯蝦

世界上最大的淡水無脊椎動物，就生活在塔斯馬尼亞西北部偏遠地區的雨林深處。塔斯馬尼亞巨型螯蝦以各式各樣「令人愉快」的東西為食物——腐爛的木頭、樹葉、昆蟲，和掉進水裡被沖到下游的動物屍體。牠們從六公釐的小蝦米，逐漸成長為一隻硬殼巨獸，大小幾乎和傑克羅素㹴差不多，牠的鉗子大到可以包住你的手臂，而且強大到足以折斷骨頭。

塔斯馬尼亞巨型螯蝦已經存活了數百萬年，期間幾乎沒有什麼改變。如果讓牠們在野外不受干擾，牠們的壽命可以長達 60 歲，但牠們是繁殖非常緩慢的物種，雌性要到 14 歲才會性成熟。而且牠們一生中的前 7 年，都躲在流速緩慢的河裡，那些鵝卵石和小石頭的縫中，直到牠們大到可以在寬闊的水域中自謀生路，並躲避饑餓的掠食者——包括鳥類、魚類和人類，都認為牠們是美味的食物。不過如今，伐木業所造成的威脅已越來越大，從上游清理出來的污泥被沖入水中，堵塞了小螯蝦的藏身之處，讓牠們無處可躲。

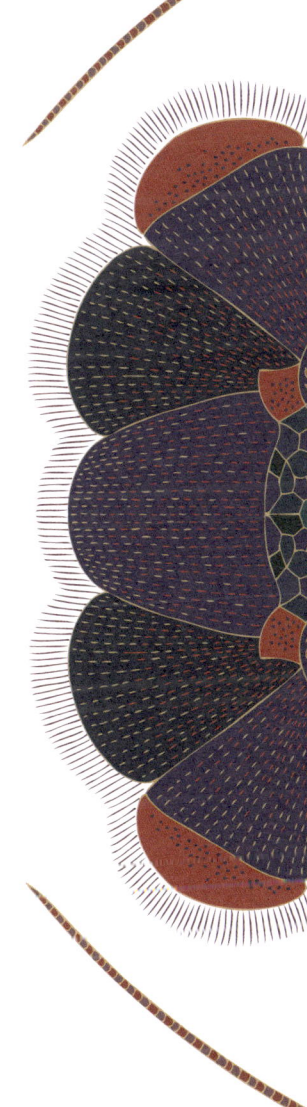

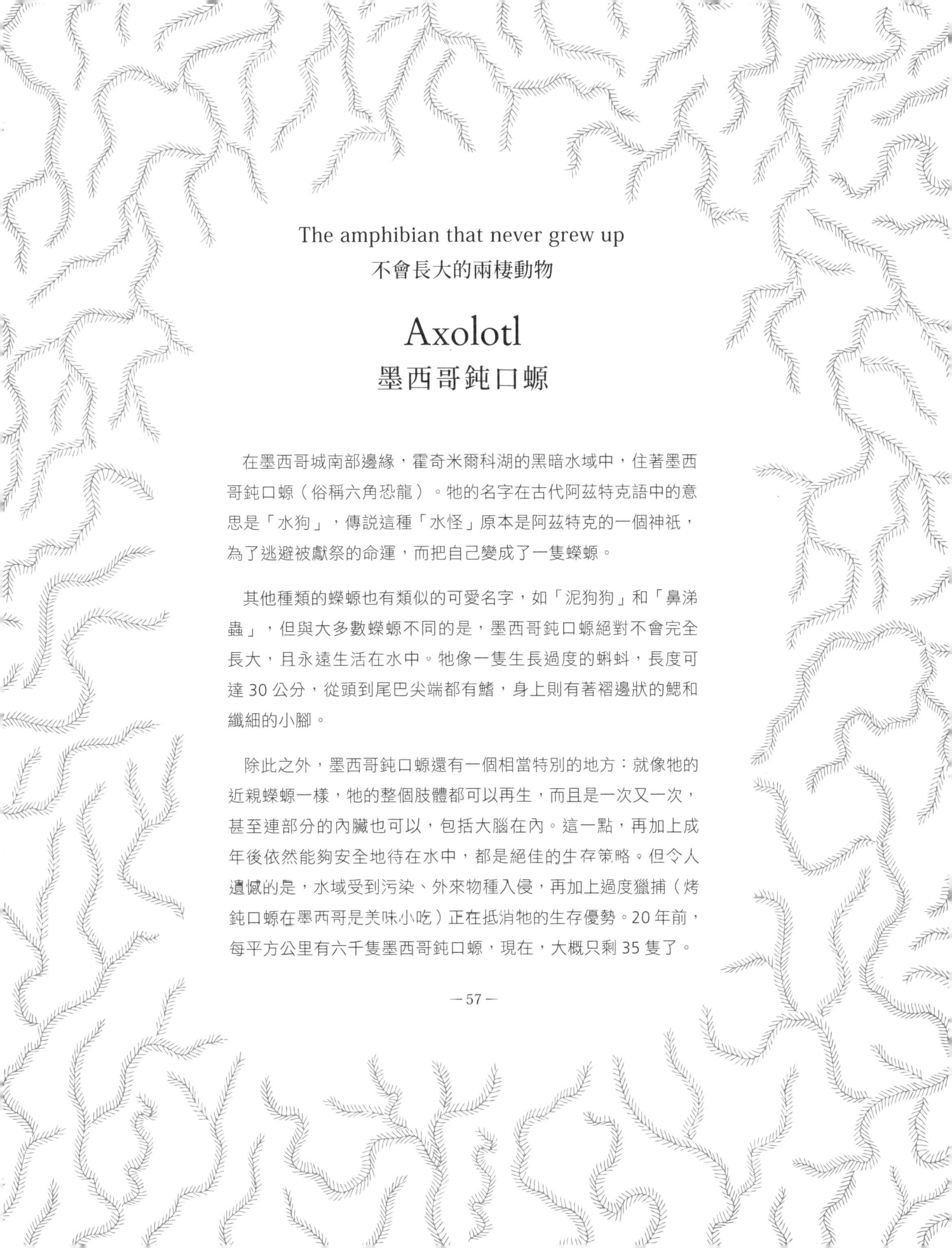

The amphibian that never grew up
不會長大的兩棲動物

Axolotl
墨西哥鈍口螈

在墨西哥城南部邊緣，霍奇米爾科湖的黑暗水域中，住著墨西哥鈍口螈（俗稱六角恐龍）。牠的名字在古代阿茲特克語中的意思是「水狗」，傳說這種「水怪」原本是阿茲特克的一個神祇，為了逃避被獻祭的命運，而把自己變成了一隻蠑螈。

其他種類的蠑螈也有類似的可愛名字，如「泥狗狗」和「鼻涕蟲」，但與大多數蠑螈不同的是，墨西哥鈍口螈絕對不會完全長大，且永遠生活在水中。牠像一隻生長過度的蝌蚪，長度可達 30 公分，從頭到尾巴尖端都有鰭，身上則有著褶邊狀的鰓和纖細的小腳。

除此之外，墨西哥鈍口螈還有一個相當特別的地方：就像牠的近親蠑螈一樣，牠的整個肢體都可以再生，而且是一次又一次，甚至連部分的內臟也可以，包括大腦在內。這一點，再加上成年後依然能夠安全地待在水中，都是絕佳的生存策略。但令人遺憾的是，水域受到污染、外來物種入侵，再加上過度獵捕（烤鈍口螈在墨西哥是美味小吃）正在抵消牠的生存優勢。20 年前，每平方公里有六千隻墨西哥鈍口螈，現在，大概只剩 35 隻了。

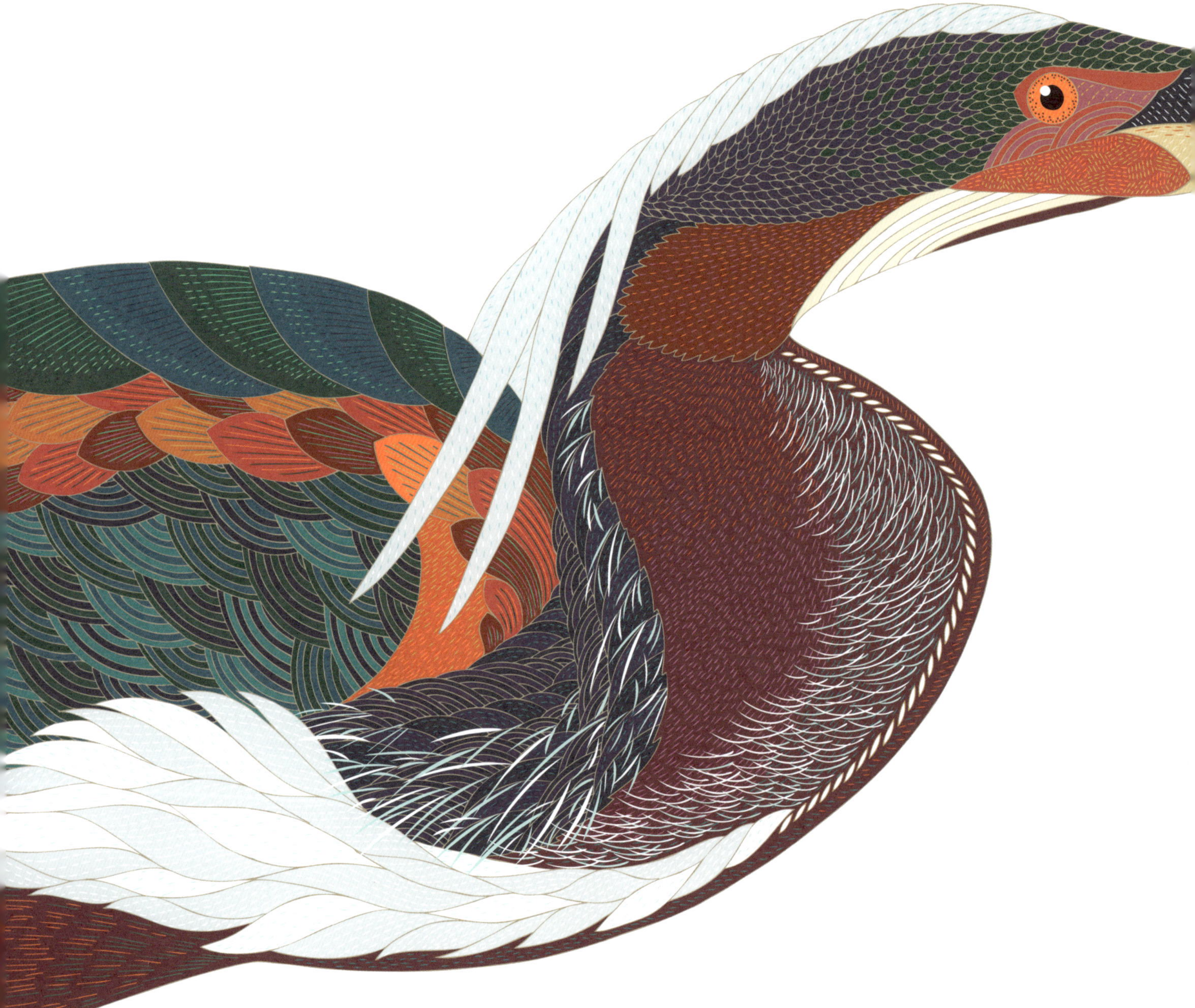

Hard to get　難以企及

Agami Heron
栗腹鷺

　　許多人都公認栗腹鷺是世界上最美麗的鳥，牠有著長矛般的喙、優雅的脖子、花俏的頭飾，以及耀眼的羽毛，彷彿是只存在於故事繪本中的鳥兒。你可能覺得牠有充分的理由炫耀自己，但牠卻是獨自隱藏在陰影之中，潛伏在中南美洲熱帶森林的沼澤、溪流、小河，和湖泊邊緣的低垂樹枝間，而這些地方通常都是人類無法到達的。

　　只有在繁殖季節，這種難以捉摸的生物才會從牠的藏身之處出來，炫耀牠的羽毛，從濃郁的栗色、煙灰色，到鮮豔的赤紅色和香桃木的藍綠色應有盡有。與大多數鳥類不同的是，栗腹鷺的雄性和雌性都擁有迷人的羽毛，而雌鳥必須贏得雄鳥的心。雄鳥會先把雌鳥引誘到他特意選擇的築巢地點，但隨後就由她來吸引他的注意；搖擺身體、張著她的喙，輕彈她的尾羽，向他鞠躬，她的臉變得緋紅。雄鳥可能會張開鋒利的喙，朝她伸過去，做出咄咄逼人的反應，但只要雌鳥堅持不懈，最終就能得到她的男人。

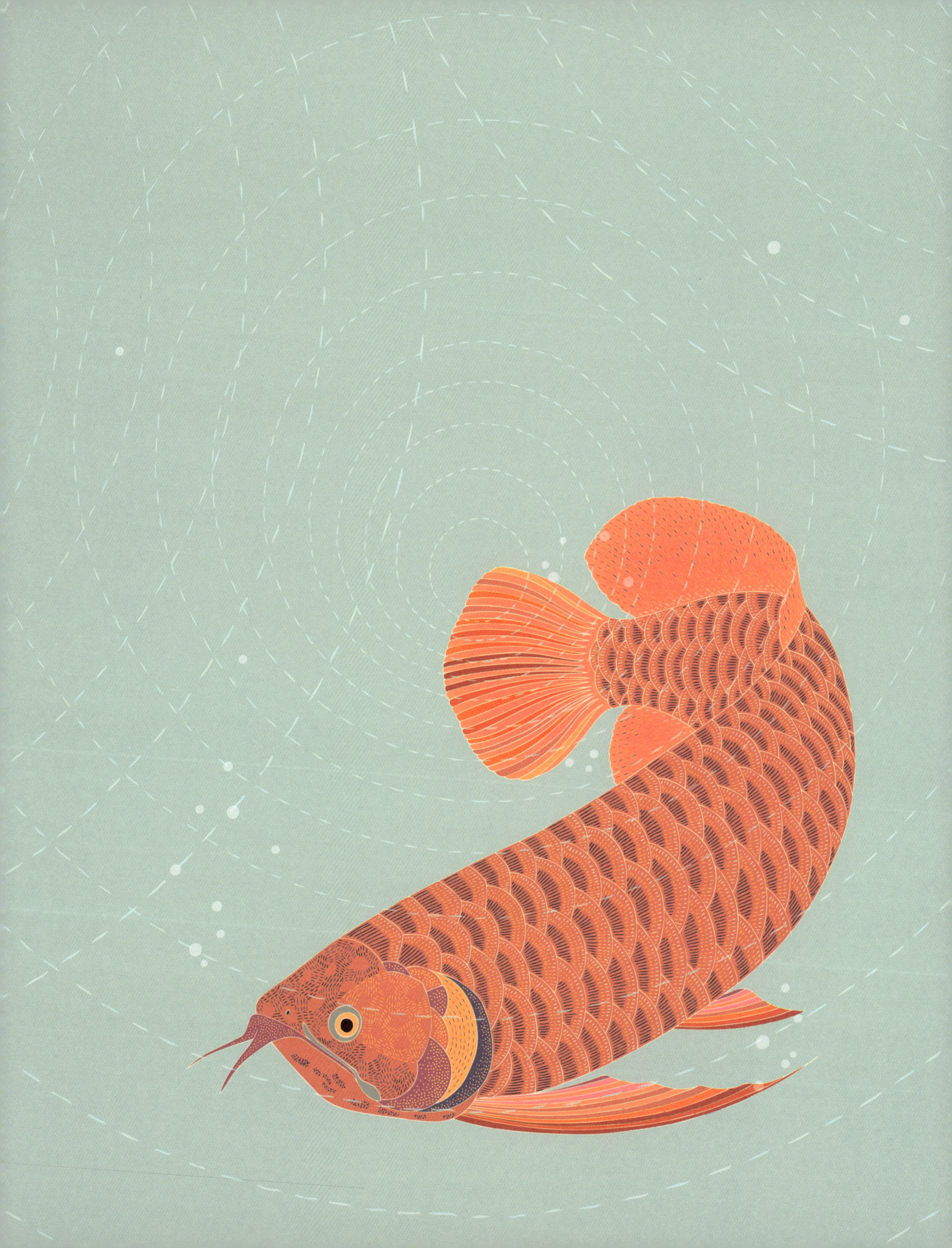

Mistaken celebrity 由誤會而生的名人

Asian Arowana
亞洲龍魚

　　亞洲龍魚是一種熱帶淡水魚（依顏色可分為紅龍、金龍、青龍），生活在柬埔寨、馬來西亞、緬甸、泰國、印尼和越南等地的沼澤、湖泊、被淹沒的森林，與水流緩慢的河川中。這種龍魚形似華麗的龍，因此人們多認為牠能帶來好運。

　　目前有成千上萬的養殖場在繁殖亞洲龍魚，但在野外，牠們已經瀕臨滅絕。亞洲龍魚曾經只是一種普通的可食用魚類，但因為牠的自然繁衍速度過於緩慢，又屬於食物鏈的頂端物種，因此也被列入了保育物種清單。亞洲龍魚是一種以口腔孵育後代的魚，雄魚會把小魚安全地含在自己口中，直到牠們大到可以自由游動為止。因此，隨著每一隻雄魚被非法捕獲，牠的孩子們也跟著被帶走，這對整個族群造成重大的減損。於是，野生亞洲龍魚在國際間被禁止貿易，但這項禁令卻反而造成了一種錯覺——認為龍魚是一種稀有物種。突然之間，龍魚的受歡迎程度（和價格）大幅飆升，水族館的老闆們從此得花數千美元，才有可能買到一隻野生龍魚。

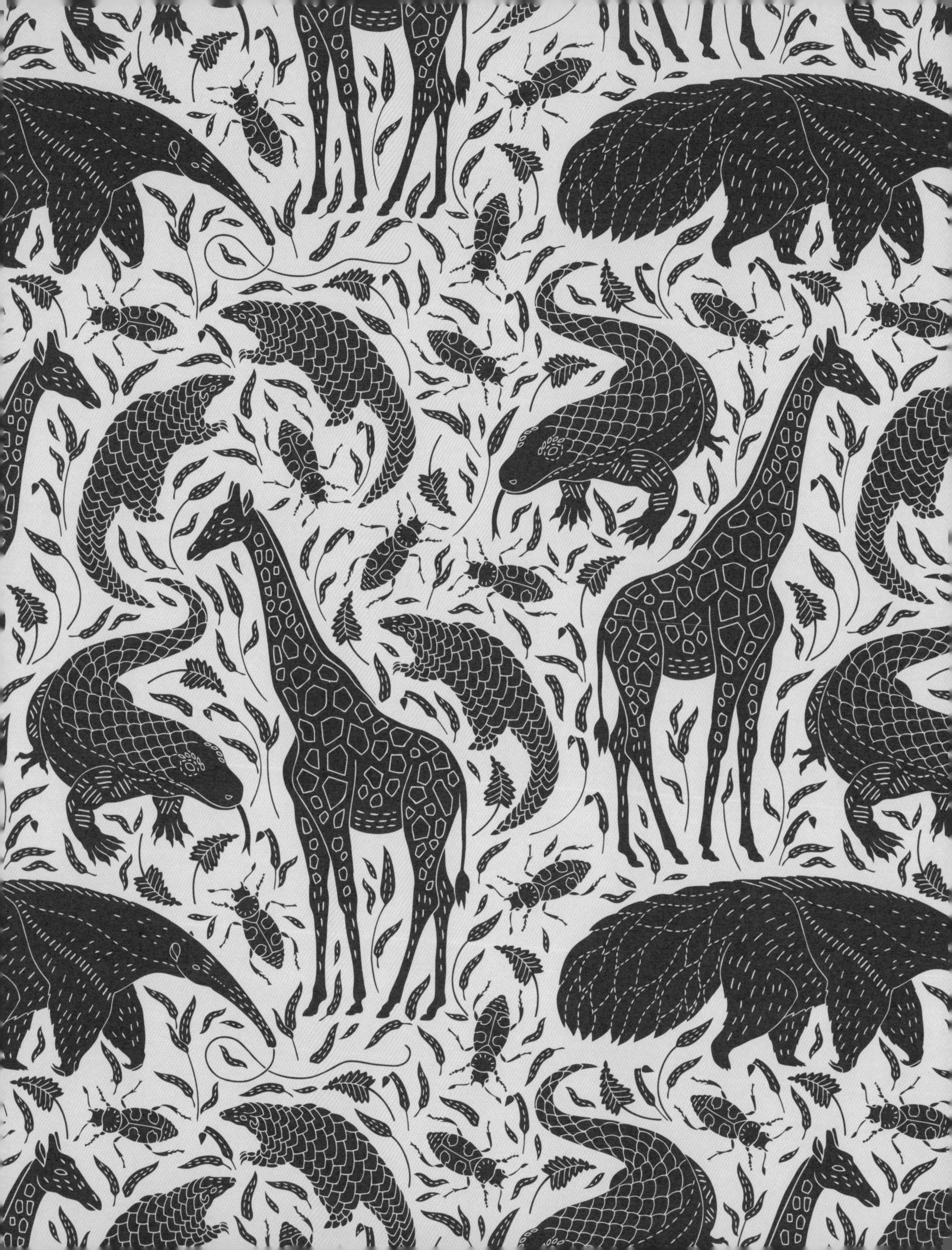

一

草原

平坦開闊的陸地上，有著大草原、乾草原、稀樹草原、牧地、熱帶草原、彭巴草原……等，除了南極洲以外，世界上的所有大陸都有草原。在這些平坦開闊的地面上，由於雨水稀少，樹木無法大量生長，取而代之的就是各種草類茂然而生，莖葉在風中擺盪如浪。熱帶草原終年溫暖，溫帶草原的氣候則四季分明。草類的生長速度快，所以總是有充足的食物供應給饑餓的牧群。一些世界上最大的動物生活在這裡，最小的也生活在這裡。

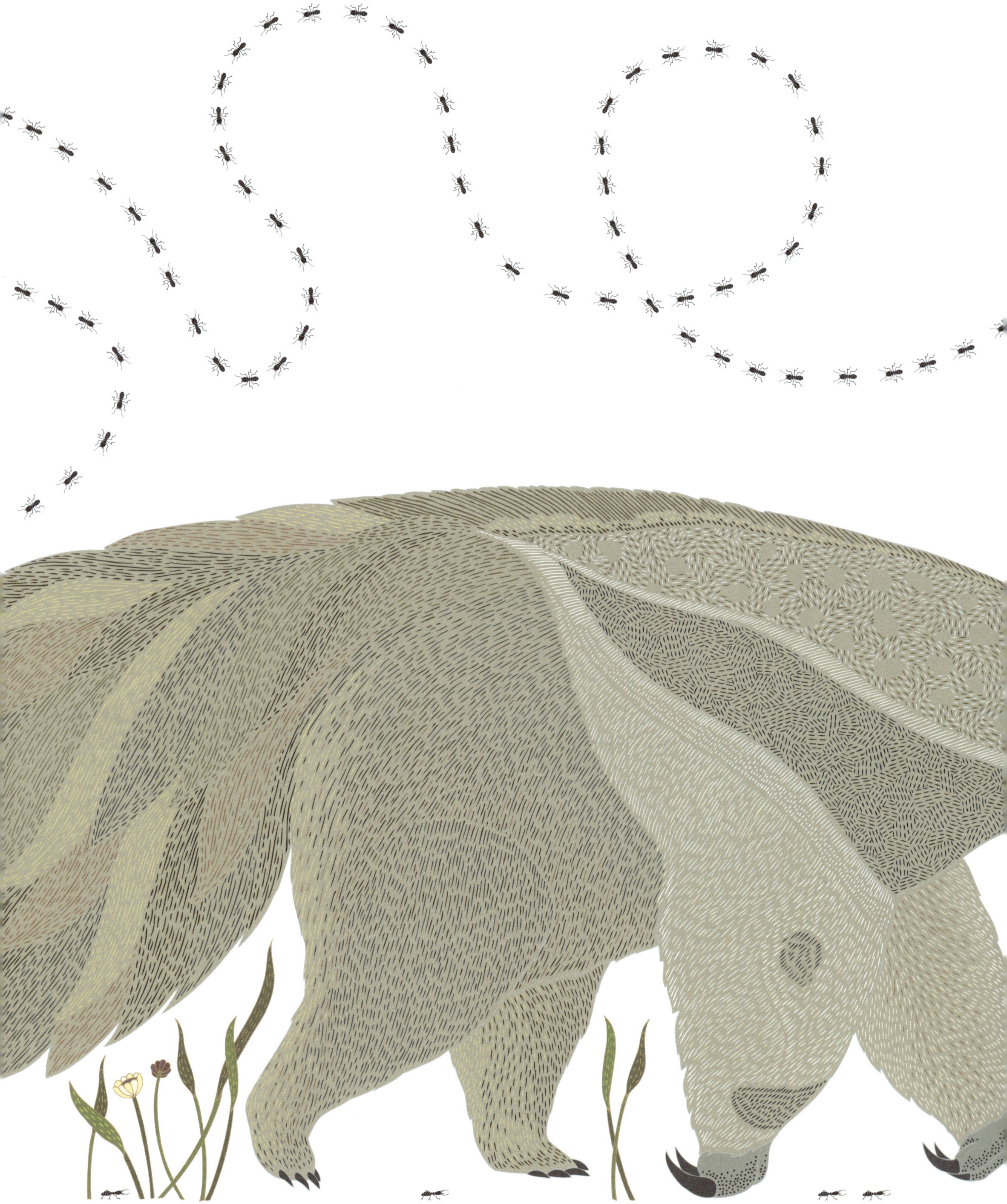

Toothless giant 無牙怪獸

Giant Anteater
大食蟻獸

　　大食蟻獸的長相可能有些奇怪，但牠具備完美的覓食能力，可以在中美洲和南美洲的草原上成功飽餐一頓。這裡有數百萬個土質白蟻丘，有些高達五公尺，裡頭的居民對外面的危險毫不在意。高高的草叢中傳來一陣悉悉窣窣的聲響，一根細長的鼻子接著探了出來，從空氣中開始試著嗅出白蟻的氣味。牠的視力很差，但嗅覺很強，比我們人類靈敏 40 倍。

　　在蟻丘內，白蟻被堅硬的外牆保護著，不受大多數捕食者的傷害，但這可不包括大食蟻獸。牠擁有強壯的前腿和長達十公分的爪子，要破牆而入簡直輕而易舉。食蟻獸會在蟻丘側面挖開一個洞，然後開始吸食裡面的昆蟲。

　　牠會吐出 60 公分長、且覆蓋著唾液的舌頭，上面布滿了成千上萬個微小鉤子，每分鐘可伸縮 150 次，這也是為什麼牠不須要牙齒，也能把美味的食物一一舀出來的原因。大食蟻獸從鼻子到尾巴的長度超過兩公尺，每天雖然要吃掉三萬隻昆蟲，但是以牠的體型來說仍屬於低熱量飲食，因此，牠的行動非常緩慢，為了節省能量，牠每天還要睡覺長達 16 個小時，裹在自己像毯子一樣的尾巴裡入眠。

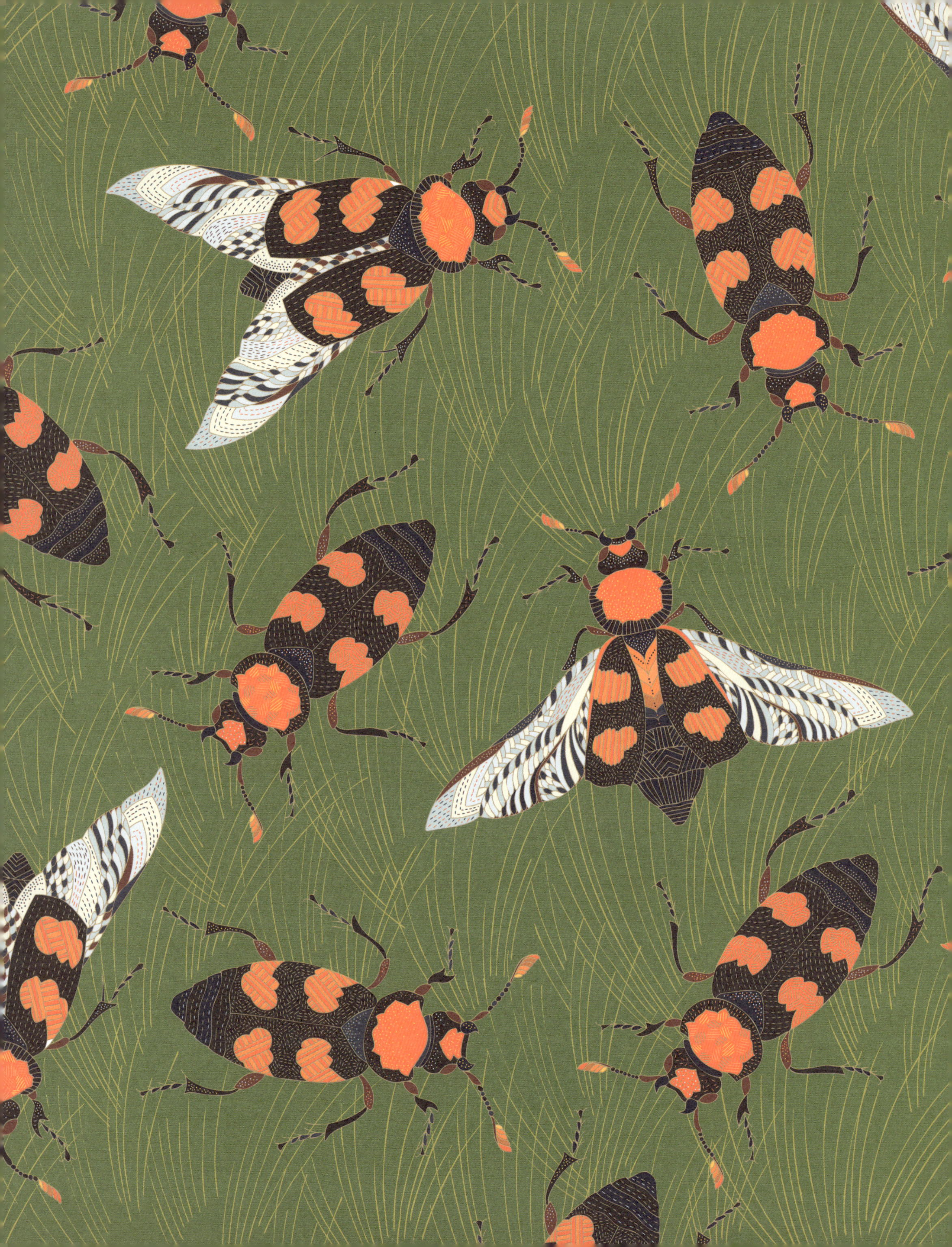

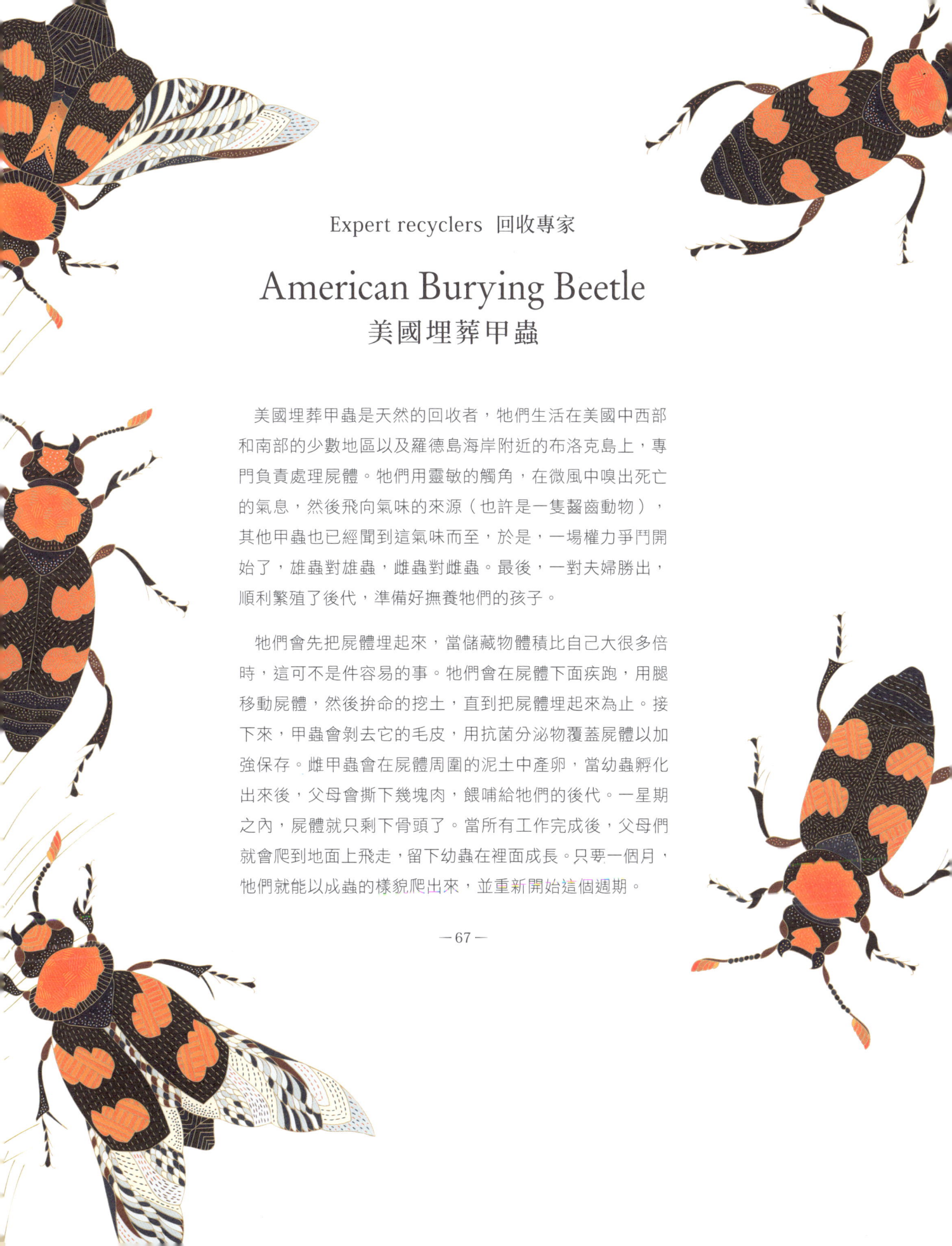

Expert recyclers 回收專家

American Burying Beetle
美國埋葬甲蟲

　　美國埋葬甲蟲是天然的回收者，牠們生活在美國中西部和南部的少數地區以及羅德島海岸附近的布洛克島上，專門負責處理屍體。牠們用靈敏的觸角，在微風中嗅出死亡的氣息，然後飛向氣味的來源（也許是一隻齧齒動物），其他甲蟲也已經聞到這氣味而至，於是，一場權力爭鬥開始了，雄蟲對雄蟲，雌蟲對雌蟲。最後，一對夫婦勝出，順利繁殖了後代，準備好撫養牠們的孩子。

　　牠們會先把屍體埋起來，當儲藏物體積比自己大很多倍時，這可不是件容易的事。牠們會在屍體下面疾跑，用腿移動屍體，然後拚命的挖土，直到把屍體埋起來為止。接下來，甲蟲會剝去它的毛皮，用抗菌分泌物覆蓋屍體以加強保存。雌甲蟲會在屍體周圍的泥土中產卵，當幼蟲孵化出來後，父母會撕下幾塊肉，餵哺給牠們的後代。一星期之內，屍體就只剩下骨頭了。當所有工作完成後，父母們就會爬到地面上飛走，留下幼蟲在裡面成長。只要一個月，牠們就能以成蟲的樣貌爬出來，並重新開始這個週期。

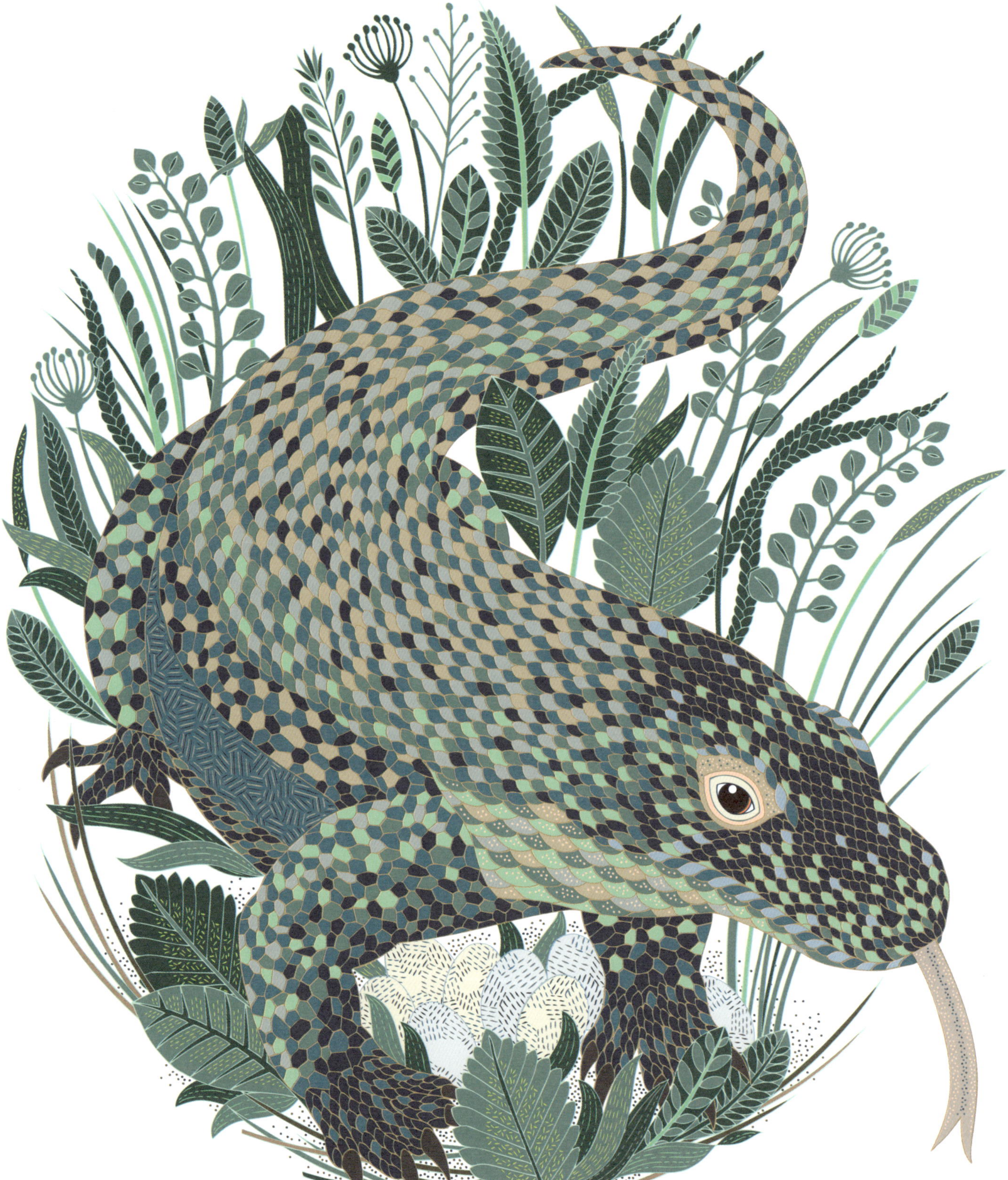

Independent women 獨立女性

Komodo Dragon
科摩多巨蜥

在印尼的科摩多島上，一隻蜥蜴寶寶從蛋裡鑽出來後，就迅速爬上最近的一棵樹。如果留在地面上，牠將會成為成年科摩多巨蜥的美味食物。這隻科摩多巨蜥寶寶要待在高處才安全，牠以蚱蜢、蟋蟀、甲蟲、壁虎和牠們的蛋為食，就這樣生活四年。只有到那個時候，牠的體型才會大到足以在地面上生存。

這些兇猛的爬蟲類，是400萬年前巨型蜥蜴的後代。科摩多巨蜥（又稱科摩多龍）身長三公尺，體重90公斤，是世界上現存最大的蜥蜴。牠可以用強而有力的下顎給予敵人致命的一咬，擊倒像水牛一樣大的獵物。而且，即使受害者逃跑了，也會因為巨蜥下顎腺體分泌的毒液而倒下，而巨蜥可以憑藉其非凡的嗅覺，在八公里外就找到牠的屍體。

最近，人們發現雌性科摩多巨蜥可以在沒有配偶的情況下繁殖。她會產下15到30顆自受精的卵，每顆大概是葡萄柚的大小，而且全部為雄性。如果一隻雌性最終孤單一人，牠仍舊可以重新開始繁殖——雖然與自己的後代交配，對基因庫來說並不是很好。

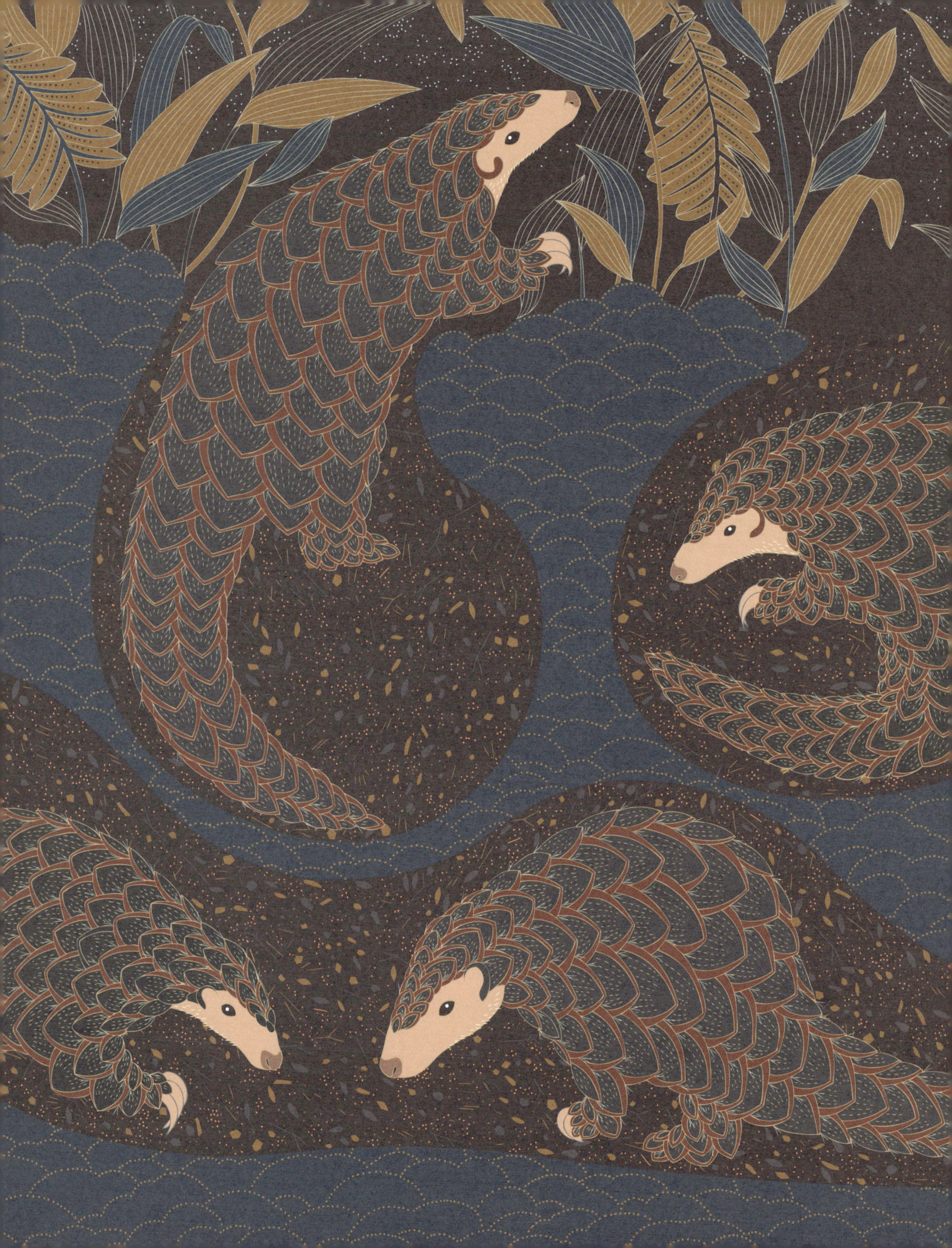

The most illegally trafficked animal on Earth
全世界最常被非法販賣的動物

Pangolin
穿山甲

在東南亞的草原上，一隻跟家貓差不多大的奇怪動物，從一個深深的洞穴裡鑽出來尋找牠的晚餐。牠全身覆蓋著堅硬的鱗片，但有著柔軟的粉紅色肚子、珠子一般的小眼睛，鼻子很長，還有粗壯的長尾巴。牠的舌頭和身體一樣長，而且黏黏的，用來吞食螞蟻和白蟻。穿山甲看起來宛如一顆會走路的松果，簡直就像童話故事裡才有的生物。雌性每年只生產一次，而且每次只生一隻穿山甲寶寶。

世上現存八種穿山甲，而牠們全部都瀕臨絕種。牠們是世界上唯一有鱗的哺乳動物，也是最常被非法販賣的動物。在亞洲和非洲，每年有超過十萬隻穿山甲被偷獵者捕獲——大約每五分鐘就有一隻。這種大多在夜間活動的動物，是非常敏感的小東西，就算救回來了也很難照顧。更加遺憾的是，穿山甲的防禦能力也是牠的弱點，為了保護自己，牠會將身體捲曲成一個緊密的、有鱗的球，但這只會讓偷獵者更容易把牠們撈起來帶走。

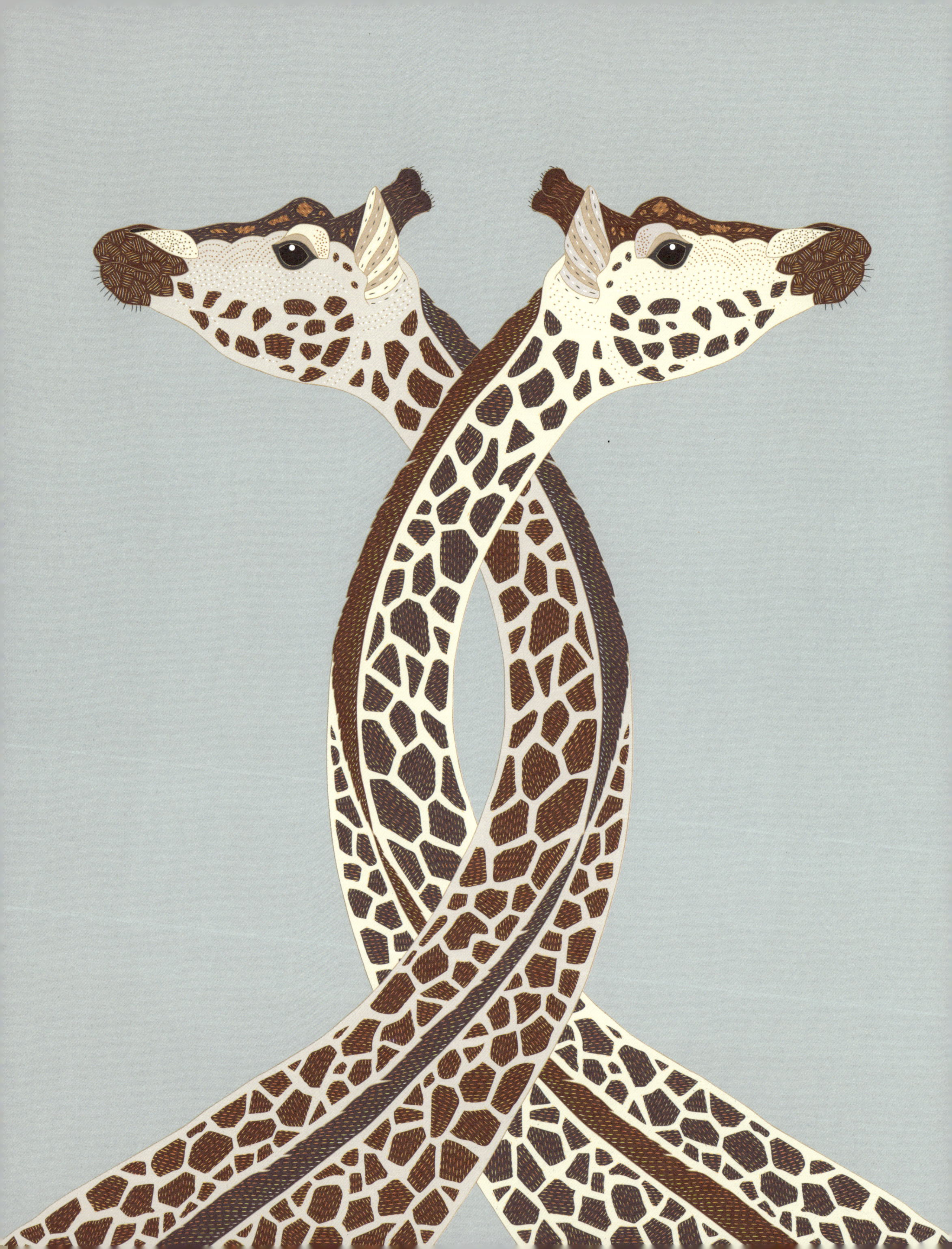

The unexpected extinction 出乎意料的瀕危

Giraffe
長頸鹿

　　除了小長頸鹿的鳴叫聲、奇怪的咕嚕聲或鼻息聲，以及科學家們最近才發現的夜間低沉嗡嗡聲之外，長頸鹿幾乎不會發出任何聲音。但長頸鹿之間如今存在著一種更令人不安的沉默：牠們的消失。

　　我們都覺得長頸鹿就是非洲背景的一部分：牠們總是在那裡。然而，在過去 30 年裡，有將近 40% 的長頸鹿不見了。但最近有一項令人振奮的發現，可能會讓長頸鹿重新成為人們關注的焦點：長頸鹿可能包含了四個不同的物種，而不是過去認定的單一物種。

　　長頸鹿總被認為是和平、寧靜、溫柔的巨人，但公長頸鹿也可能是暴力的鬥士，尤其當牠們在爭奪母長頸鹿時。

　　而長頸鹿是怎麼打架的呢？在世界上最長的脖子上，銜接著一個巨大的頭骨，這就成了一種致命武器。牠們揮舞著腦袋，狠狠擊打對方的脖子、下腹部、腿和臀部。這些雷電般的猛擊可以把對手打趴在地上，有時會打到昏過去，在比較罕見的狀況下，甚至會殺死牠們。最後還站著的公長頸鹿，就能得到母長頸鹿，但是仁慈的勝利者不會趕走被打敗的敵人，反而會邀請牠與長頸鹿群一起生活。

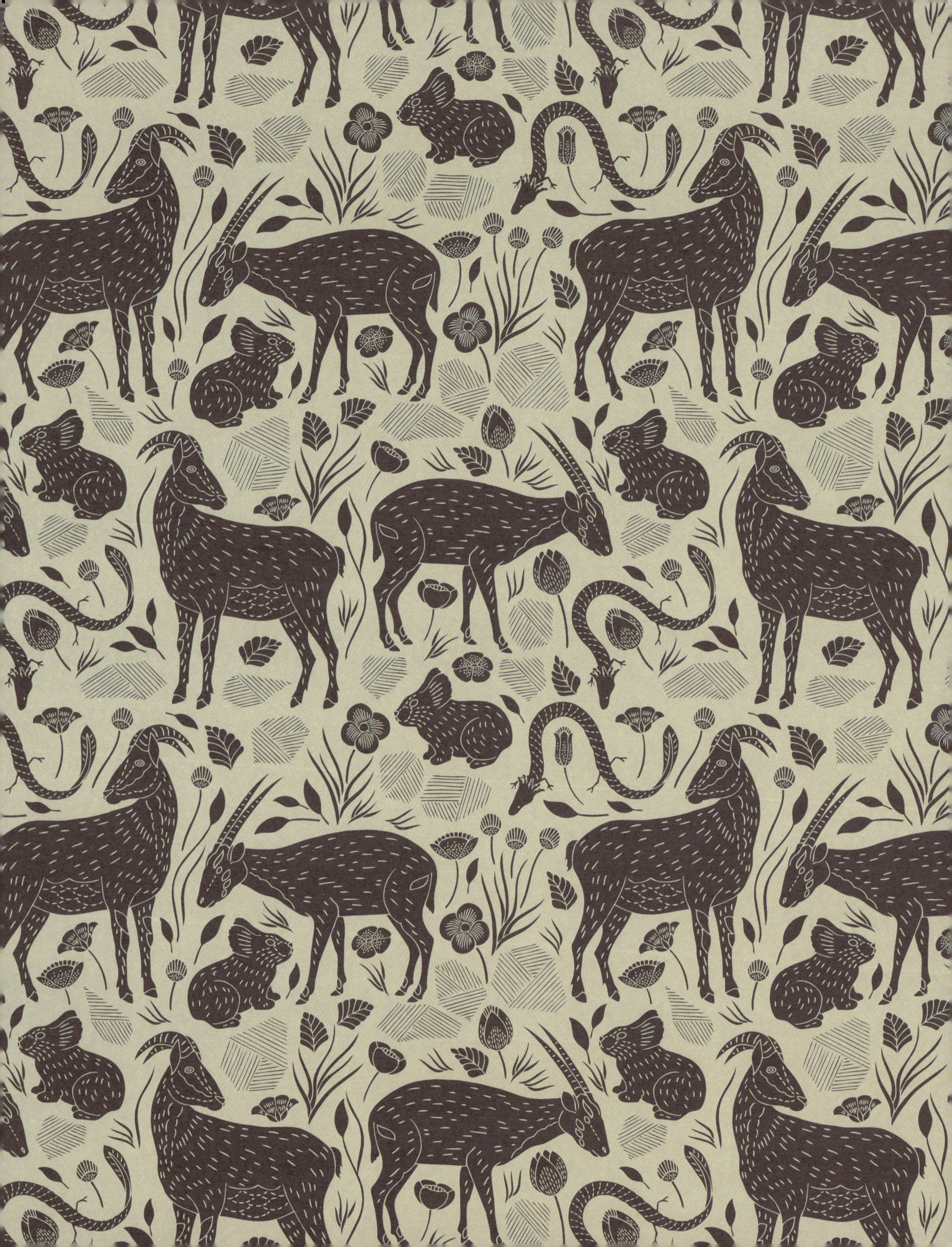

一

山脈

地球上的每一個大陸裡都有山脈，它們是由地球自身的板塊運動形成的，而且這種棲息地會隨著季節更迭，並發生劇烈的變化。在嚴冬的幾個月裡，它可能是結冰的高峰，到了夏天，就會變成一片翠綠、繁花盛開的草地。山脈可能是永久凍結、烈日曝曬、崎嶇不平、長滿青草、颳著大風，或是被茂密的熱帶森林覆蓋。有些山是山頂被雪覆蓋，山腳卻是叢林，甚至還有一些山是在海底的。

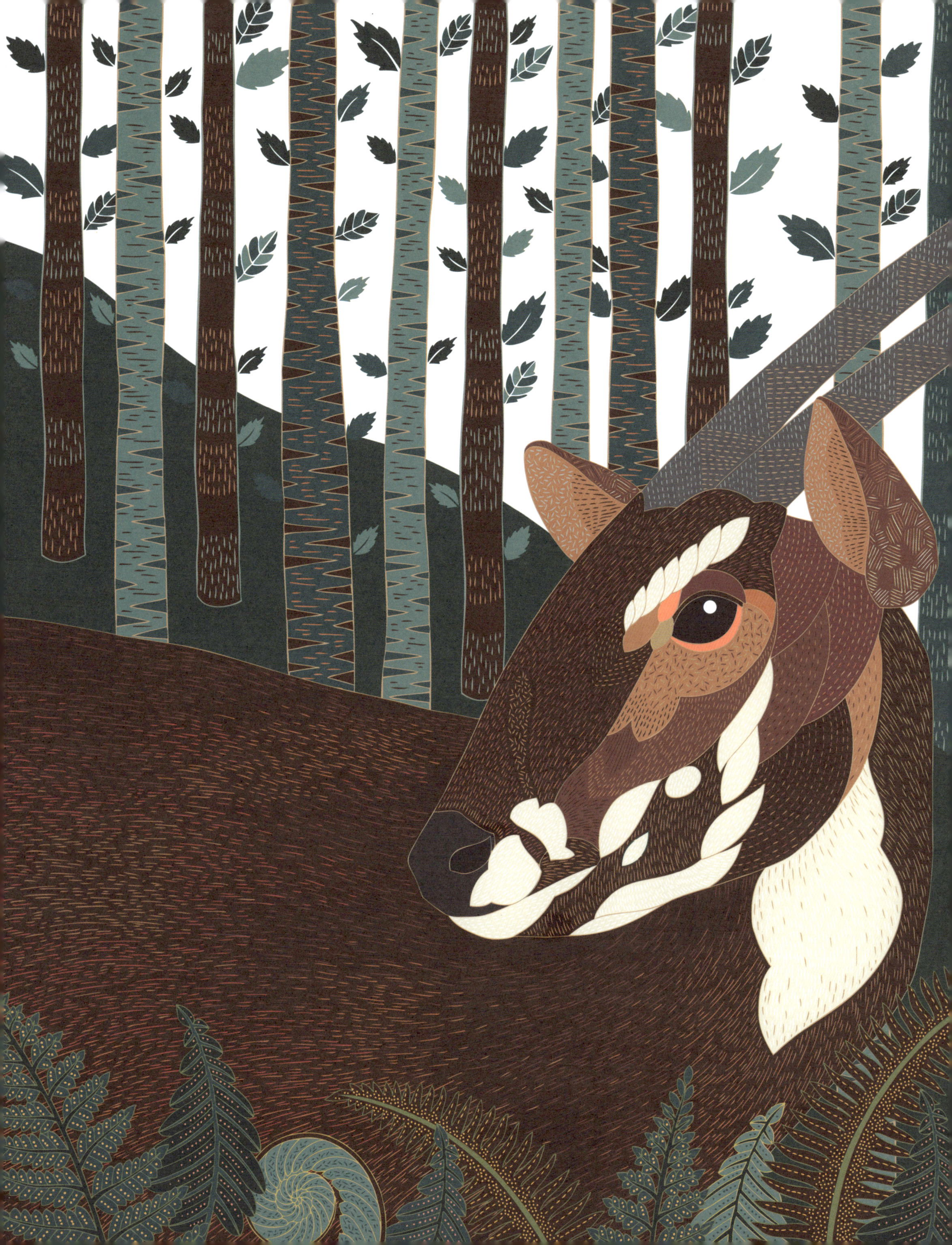

Asia's unicorn 亞洲獨角獸

Saola
中南大羚

　　1992 年，生物學家在越南進行野生動物調查時，注意到有個當地獵人家的牆上，掛著一對尖銳而微微彎曲的奇特獸角。獵人說它來自一隻山羊，但經過調查後，牠其實是一種非常與眾不同的動物，甚至還被賦予了自己的屬——中南大羚屬，而牠就是這個屬裡面唯一的物種（又稱亞洲麒麟、武廣牛），牠也是近 50 多年來新發現的第一隻大型哺乳動物。沒有生物學家在野外見過中南大羚，也沒有人知道目前數量還有多少，最好的狀況是幾百隻，最壞的話，大概只剩下幾十隻。

　　1996 年，科學家威廉・羅比查德（William Robichaud）與一隻名叫瑪莎的母中南大羚相處了三星期，這隻母中南大羚是當地獵人為部落首領的私人動物園獵捕的。威廉被牠平靜的天性迷住了，相處幾天後，他就可以撫摸牠，牠甚至願意吃他手中拿的東西。不幸的是，僅僅 18 天後，瑪莎就死掉了，原因可能是囚禁期間的飲食不良。在牠死後，人們才發現牠懷孕了，所以那一天，這個世界失去了兩隻極度瀕危的中南大羚。而在那以後，每一隻被關著的中南大羚也都沒有存活下來。

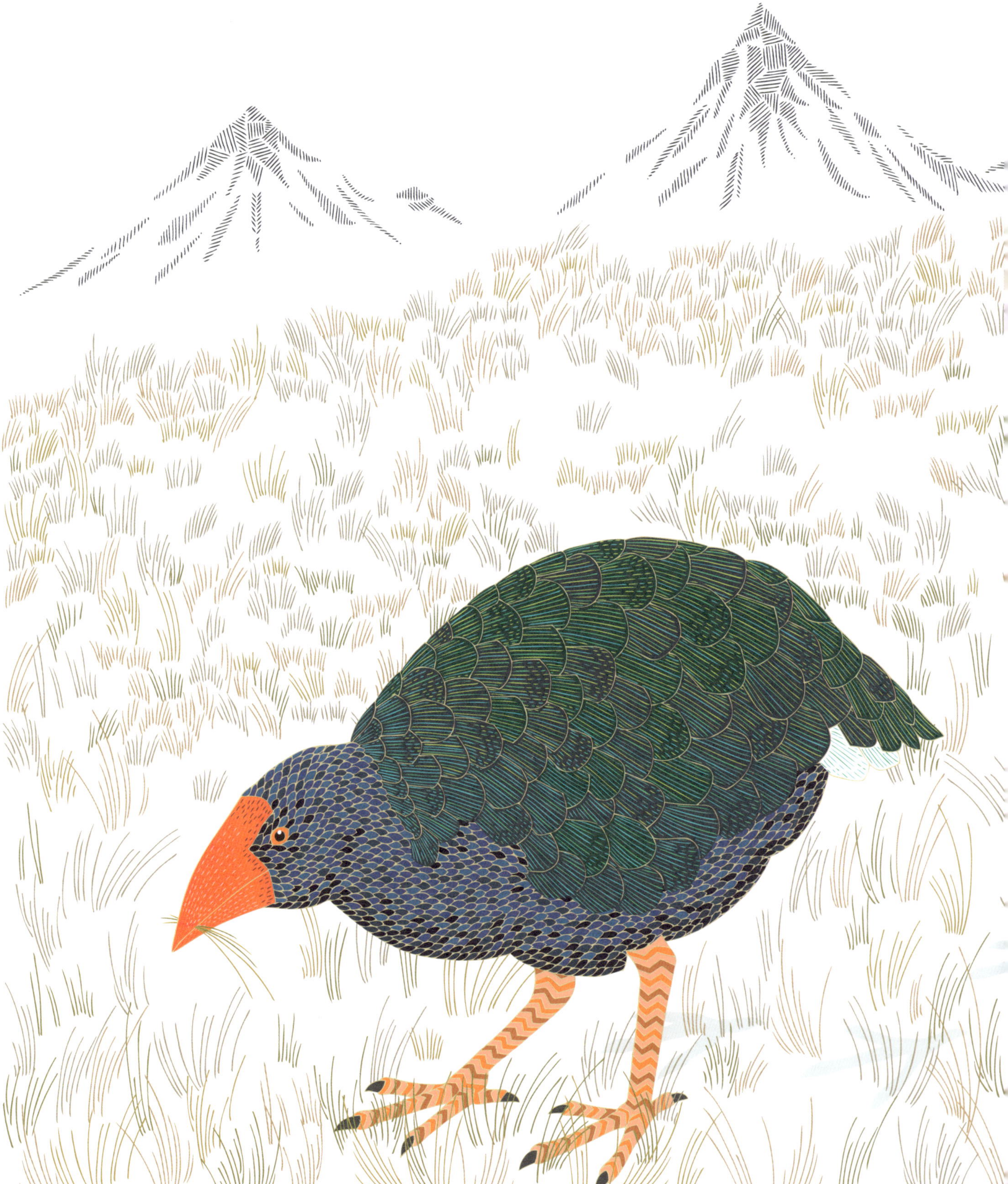

No-fly zone 禁航區

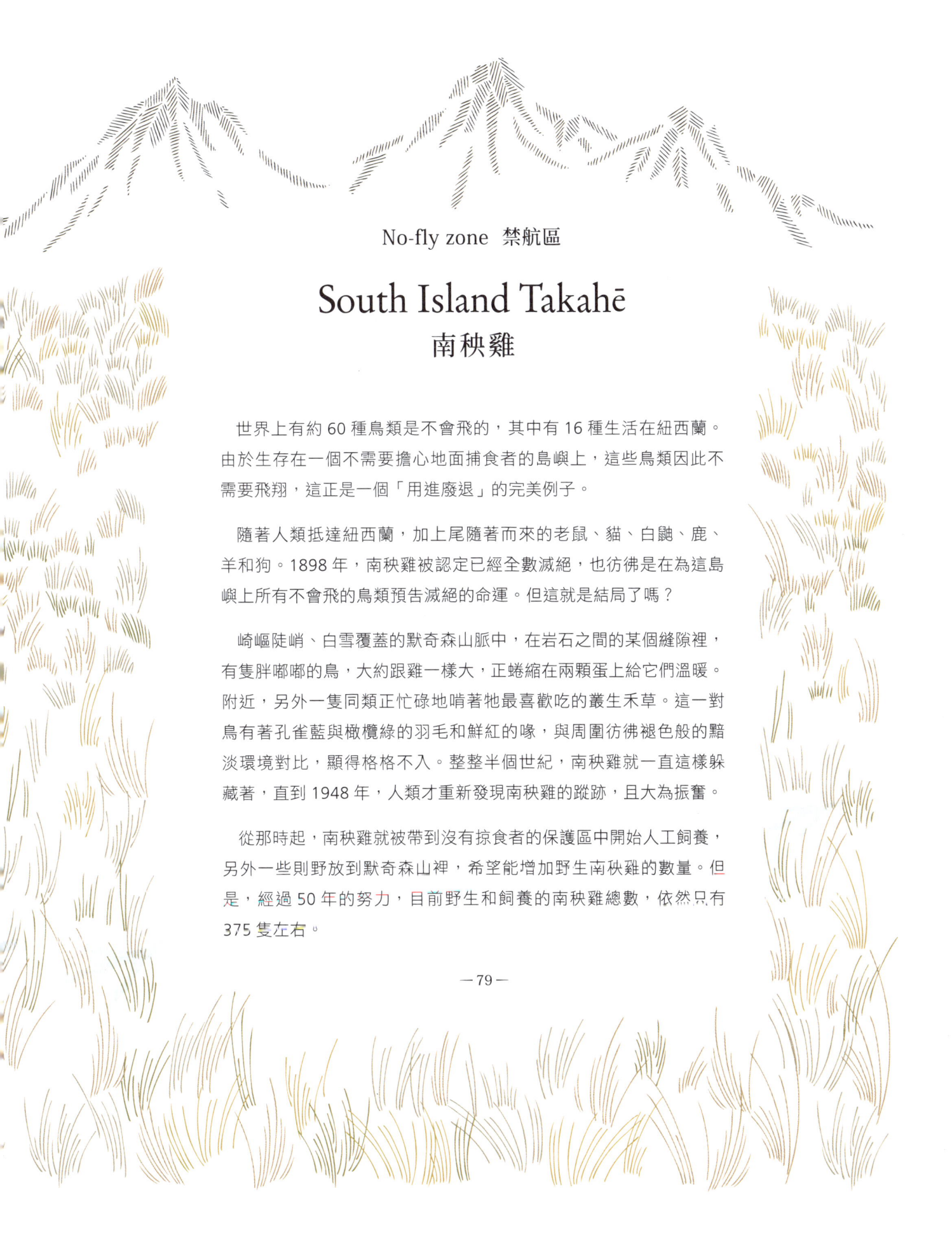

South Island Takahē
南秧雞

　　世界上有約 60 種鳥類是不會飛的，其中有 16 種生活在紐西蘭。由於生存在一個不需要擔心地面捕食者的島嶼上，這些鳥類因此不需要飛翔，這正是一個「用進廢退」的完美例子。

　　隨著人類抵達紐西蘭，加上尾隨著而來的老鼠、貓、白鼬、鹿、羊和狗。1898 年，南秧雞被認定已經全數滅絕，也彷彿是在為這島嶼上所有不會飛的鳥類預告滅絕的命運。但這就是結局了嗎？

　　崎嶇陡峭、白雪覆蓋的默奇森山脈中，在岩石之間的某個縫隙裡，有隻胖嘟嘟的鳥，大約跟雞一樣大，正蜷縮在兩顆蛋上給它們溫暖。附近，另外一隻同類正忙碌地啃著牠最喜歡吃的叢生禾草。這一對鳥有著孔雀藍與橄欖綠的羽毛和鮮紅的喙，與周圍彷彿褪色般的黯淡環境對比，顯得格格不入。整整半個世紀，南秧雞就一直這樣躲藏著，直到 1948 年，人類才重新發現南秧雞的蹤跡，且大為振奮。

　　從那時起，南秧雞就被帶到沒有掠食者的保護區中開始人工飼養，另外一些則野放到默奇森山裡，希望能增加野生南秧雞的數量。但是，經過 50 年的努力，目前野生和飼養的南秧雞總數，依然只有 375 隻左右。

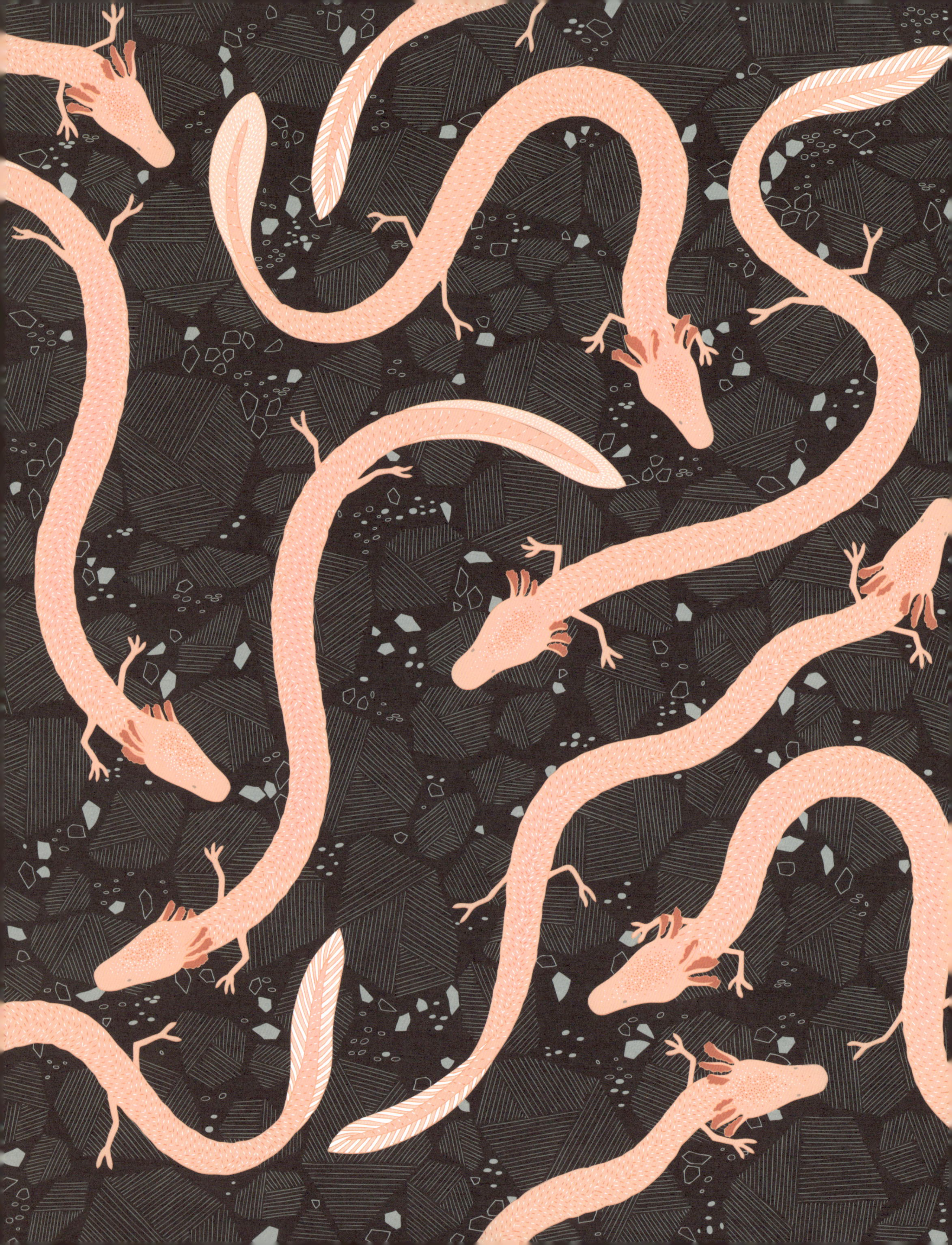

Mythical dragon of the underworld
傳說中的地底之龍

Olm
洞螈

這種超脫世俗的生物，住在第拿里阿爾卑斯山脈深處的滲穴和山洞裡，這些地方是幼龍完美的藏身之處。或者說過去當洪水把洞螈從地底下沖出來時，人們是這麼認為的。

洞螈的一生都在水中度過，尤其適合生活在沒有光的環境裡。牠的皮膚沒有色素，我們看到的淡粉紅色澤，是來自靠近皮膚表面的血管。牠游動的模樣就像鰻魚，在四條小小的腿襯托之下，身形更顯修長，人們多認為牠是利用地球磁場在黑暗中導航方向。洞螈生出來是有眼睛的，但在漆黑一片的環境中，牠們根本不需要看，也因此，牠們的眼睛上甚至長了一層皮膚。牠不是用視覺，而是用極敏銳的感官來聽和聞獵物。牠甚至可以利用能感應電磁敏感的第六感，探測出螃蟹和蝸牛發出的微弱電場。

食物在地底下的洞穴是相當缺乏的，但是洞螈可以斷食長達十年，非常不可思議。不過，或許更令人佩服的是，這種微小的兩棲動物，成年後只有 30 公分長，20 公克重，卻能活到 100 歲之久。

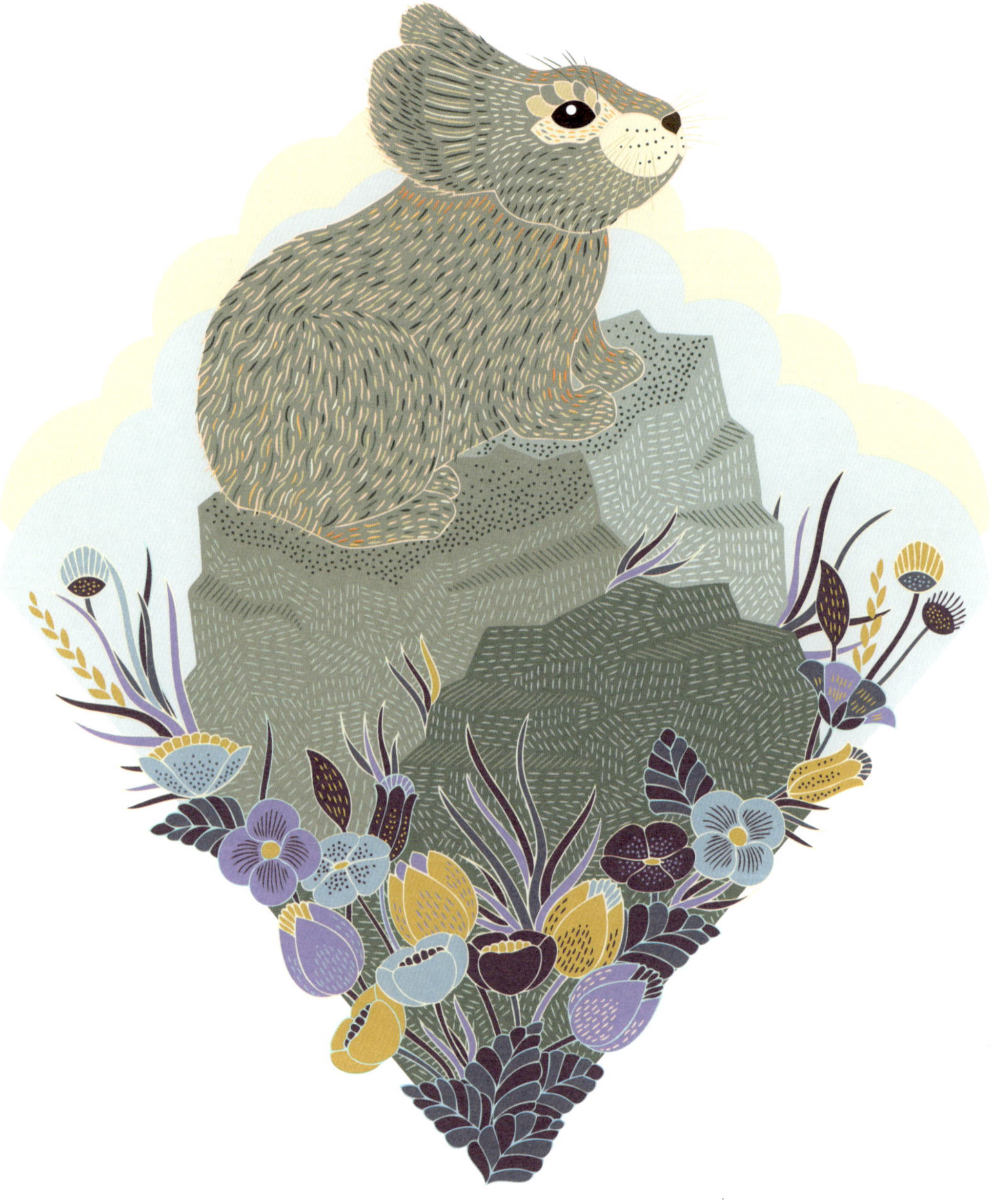

A magic bunny 魔法兔

Ili Pika
伊犁鼠兔

中國西北部的天山山脈是個絕佳的藏身之處。在海拔四千公尺的冰天雪地，沒有多少人會去那裡，正因此，有一種天竺鼠大小的哺乳動物，直到 1983 年才被人發現——然後又消失了。就這樣，一場持續數十年的捉迷藏開始了。

這種非常可愛的伊犁鼠兔，綽號叫「魔法兔」（magic bunny），以強調牠與兔子和野兔的近親關係。牠是由一位在山區工作的自然資源保護主義者李維東偶然發現的。某一天，在走了四個小時的上坡後，李維東停下來喘口氣，突然有一團毛球從他身邊飛奔而過，讓他嚇了一跳。出於好奇，他坐在那裡繼續等待。接著，一對毛茸茸的耳朵從岩石縫裡探了出來，然後是一張可愛的臉。李維東非常震撼，接下來的十年裡，他和鼠兔們玩起了貓捉老鼠的遊戲，他總是在尋找，而鼠兔們總是讓他撲空。直到 2014 年，李維東才結束了這場捉迷藏遊戲，並獲得了最終的大獎。一隻大膽的鼠兔跳出來，跳過他的腳，他拍下了照片——這也是近 20 多年來的第一張伊犁鼠兔照片。

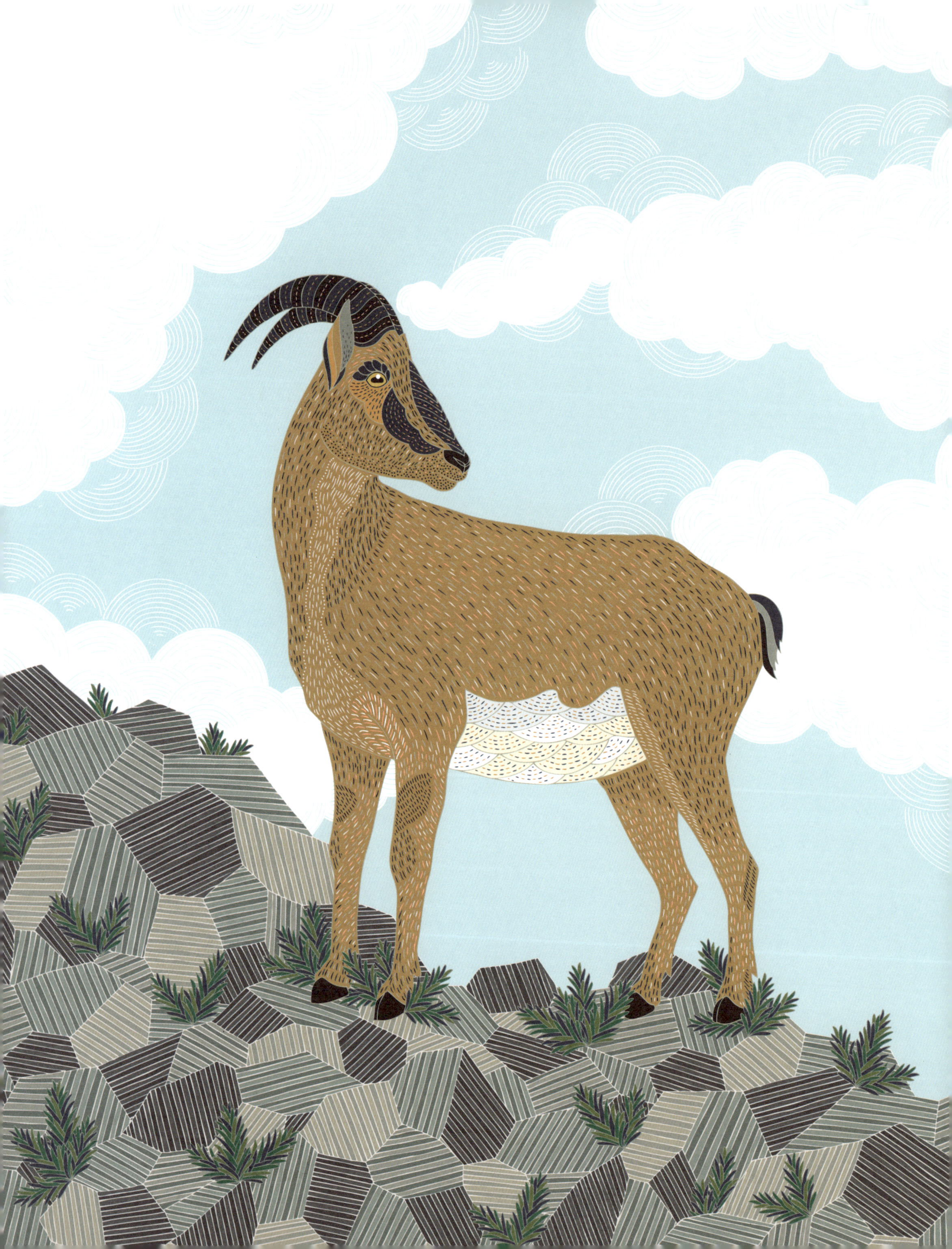

A mountain-dwelling hybrid　山居混血兒

Nilgiri Tahr
巨角塔爾羊

　　印度西部邊緣地帶有一條長長的山脈，名為西高止山脈，曾經是非常豐饒的森林和草原，也是地球上生物多樣性最豐富的地區之一。就是在這裡，而且只有這裡，你才能找到坦米爾納德邦的代表動物：巨角塔爾羊。此處是受「印度野生動物法」保護的生態保護區和避難所，為牠們提供了安全的庇護，但即使如此，目前也只有三千隻存活下來。巨角塔爾羊站立時有一公尺高，角可長達 40 公分，是一種很有力量的野獸。但牠到底是山羊、羚羊，還是綿羊呢？你可以叫牠山羚羊。

　　一年當中大部分時間裡，公羊獨自生活，在母羊群之間來來去去，或者組成一個小的單身漢團體，而母羊則和小羊們成群結隊生活在一起，在季風季節時，才會聚集成更大的群體進行交配。求偶是一件嚴肅的事情，公羊會竭盡全力吸引母羊的青睞。首先，牠把自己浸泡在自己的尿液中，尿液中充滿了吸引母羊的氣味，然後再用泥土和草做成的皇冠，裝飾牠那令人印象深刻的角。

　　但是，如果另一隻公羊和他看上了同一隻母羊，牠們就必須通過戰鬥來解決這個問題。戰鬥可以持續數小時，但最終，一方會屈服。獲勝者看起來活力旺盛，聞起來也很厲害，同時也準備好求偶了。

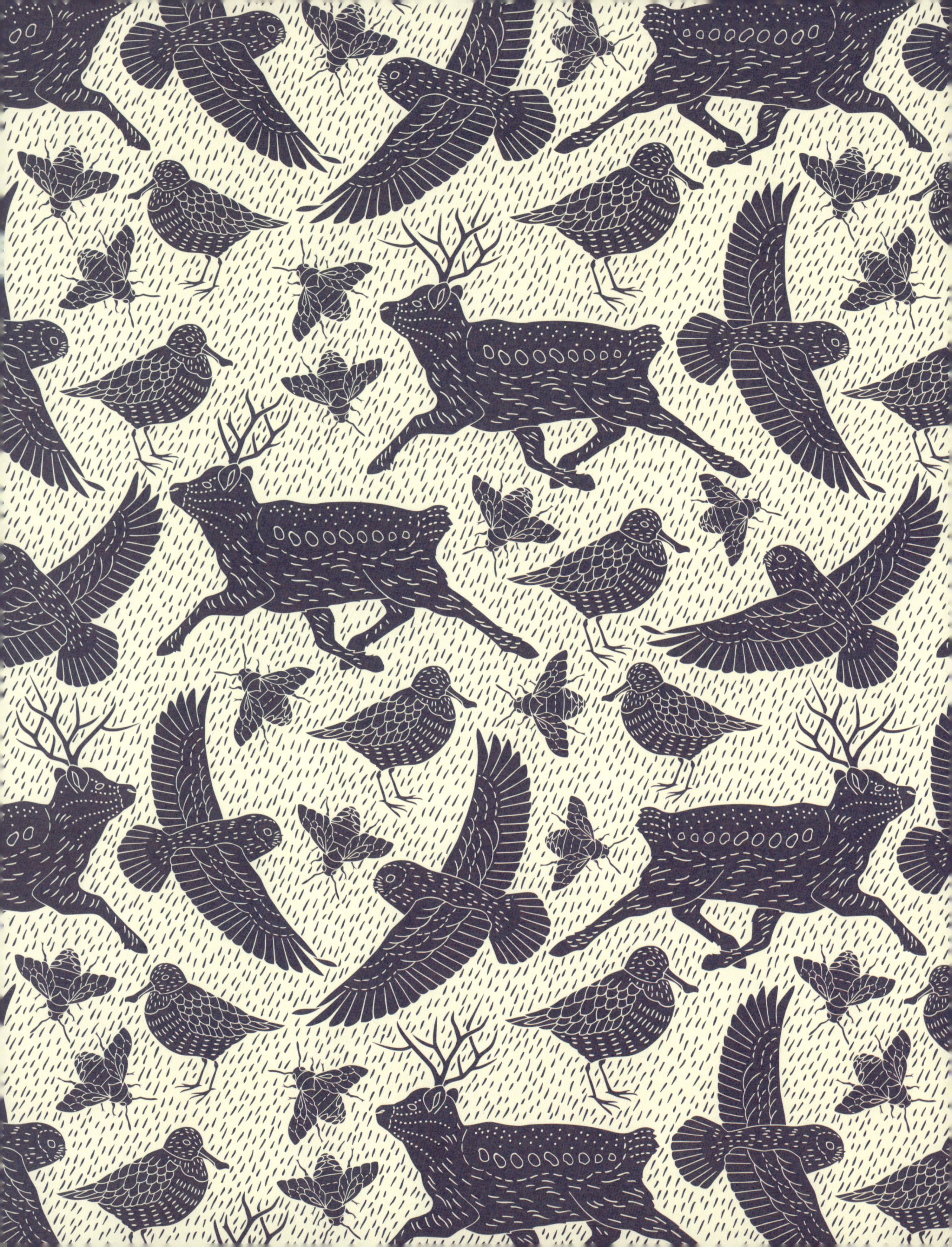

一
苔原

苔原，也叫凍原，是廣大、沒有樹木的地區，寒冷乾燥，同時帶著刺骨寒風。地球上大部分的苔原都在北極圈內，但也有一些在南極洲，全球各地的高山地帶也有高山苔原。苔原通常被雪覆蓋，夏天時，北極的融冰形成巨大的沼澤，吸引候鳥來訪。而在高山苔原上，草和小灌木會於此時迅速發芽、生長，和開花，在短短 50 到 60 天內，完成它們的生命週期。

Lemming hunter 旅鼠獵人

Snowy Owl
雪鴞

美麗的雪鴞一生中大部分時間都生活在北極圈的北邊，在那裡，牠漫遊在苔原上，尋找牠最喜歡的食物──旅鼠。在北極的夏天，太陽是不會下山的，所以跟大多數貓頭鷹不同，雪鴞是在白天狩獵。

這種不可思議的鳥會找到旅鼠數量最繁盛的特定區域，開始狩獵，因此每年都會為了要靠近旅鼠，而改變巢穴位置，這對鳥類來說，是一種不尋常的行為。旅鼠不僅提供食物，而且不知道為什麼（我們還沒研究出原因），牠們還會影響雪鴞的繁殖。雪鴞產卵的數量取決於旅鼠的數量，如果該年旅鼠數量不足，就算有其他食物，雪鴞也可能完全不繁衍。不過在旅鼠大豐收的年度，一隻雪鴞可能會產下 11 個蛋。這可是很多張要餵養的饑餓小嘴，所以狩獵開始了，雄雪鴞默默地收集一隻又一隻的旅鼠，餵給牠那些貪心的毛茸茸灰色小鳥。

但是，氣候變化使北極的春天來得更早，以往飄著細雪的地方變得更潮濕，地面也更容易變得堅硬結冰。使得旅鼠很難尋找食物，也就連帶影響了雪鴞的出生數量。

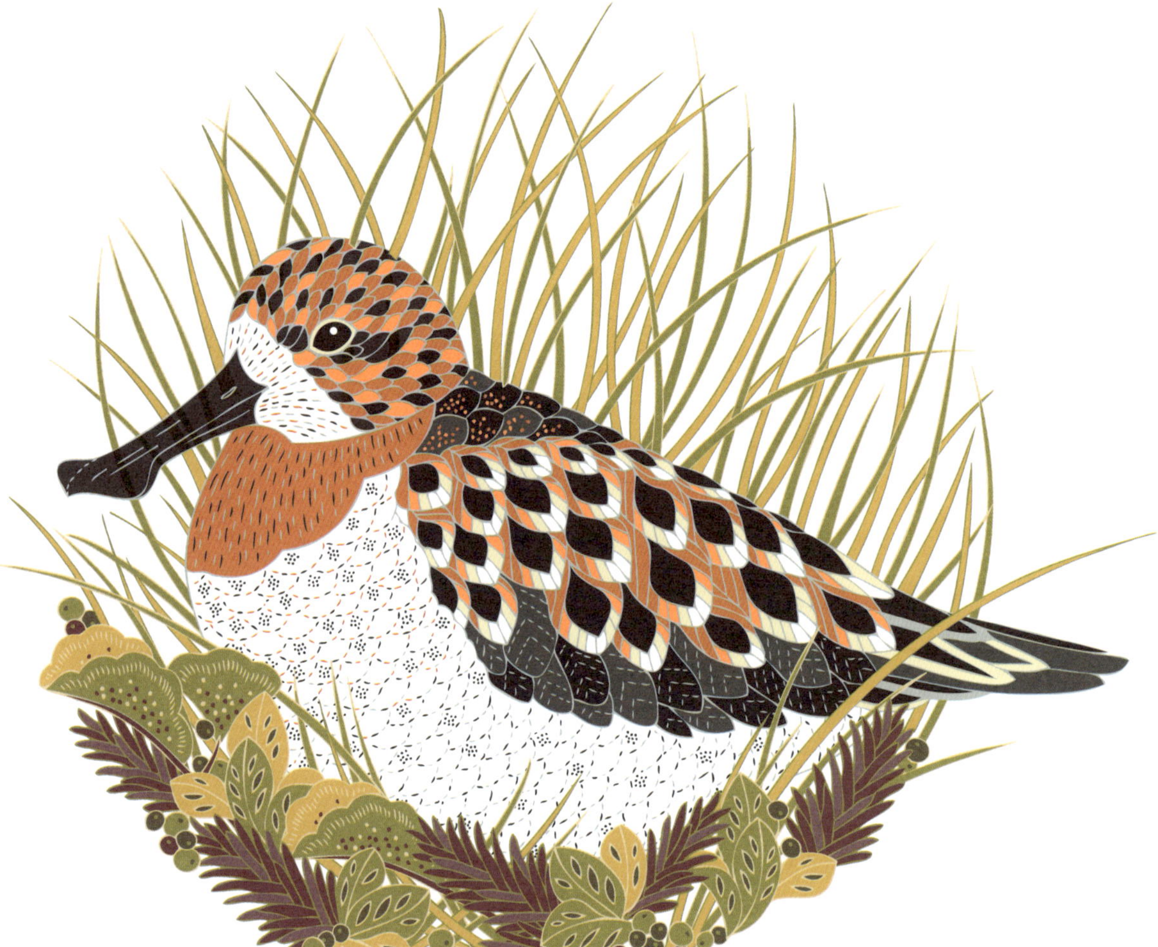

Tiny traveller 小小旅行者
Spoon-billed Sandpiper
琵嘴鷸

琵嘴鷸是一種會發出「皮─皮」叫聲的鳥，只有 14 到 16 公分長，具有亮晶晶的眼睛，光滑的羽毛，還有鏟子狀的喙，這種喙在世上涉禽類中是獨一無二的，非常適合從泥濘中篩出小型無脊椎動物。

牠生長在地球上最偏遠的地方之一：楚科奇半島，俄羅斯東部沿海苔原帶的源頭。那裡可怕的掠食者、極地的氣溫、降雪和洪水等，都不停威脅著這種鳥類及其幼鳥。牠們小小的身軀裡，彷彿藏著一座發電廠，冬天時必須飛到牠的冬季棲息地──東南亞潮濕的熱帶泥灘，夏天再回到楚科奇，也就是牠夏季的繁殖地。牠們就用這麼小的翅膀，飛了 16,000 公里，實在令人難以置信！

很少有鳥類走向滅絕的速度，像這種鮮為人知的琵嘴鷸那樣快，這是因為在牠們漫長旅途中所需要的休息站，很多都被污染與破壞了。最近第一次有人拍攝到一對野生的成年琵嘴鷸孵育幼鳥的畫面，幼鳥正從巢中爬出來。這幾隻長著斑點羽毛的毛手小東西，比大黃蜂大不了多少，但或許牠們將成為這個物種迫切需要的宣傳模特兒。

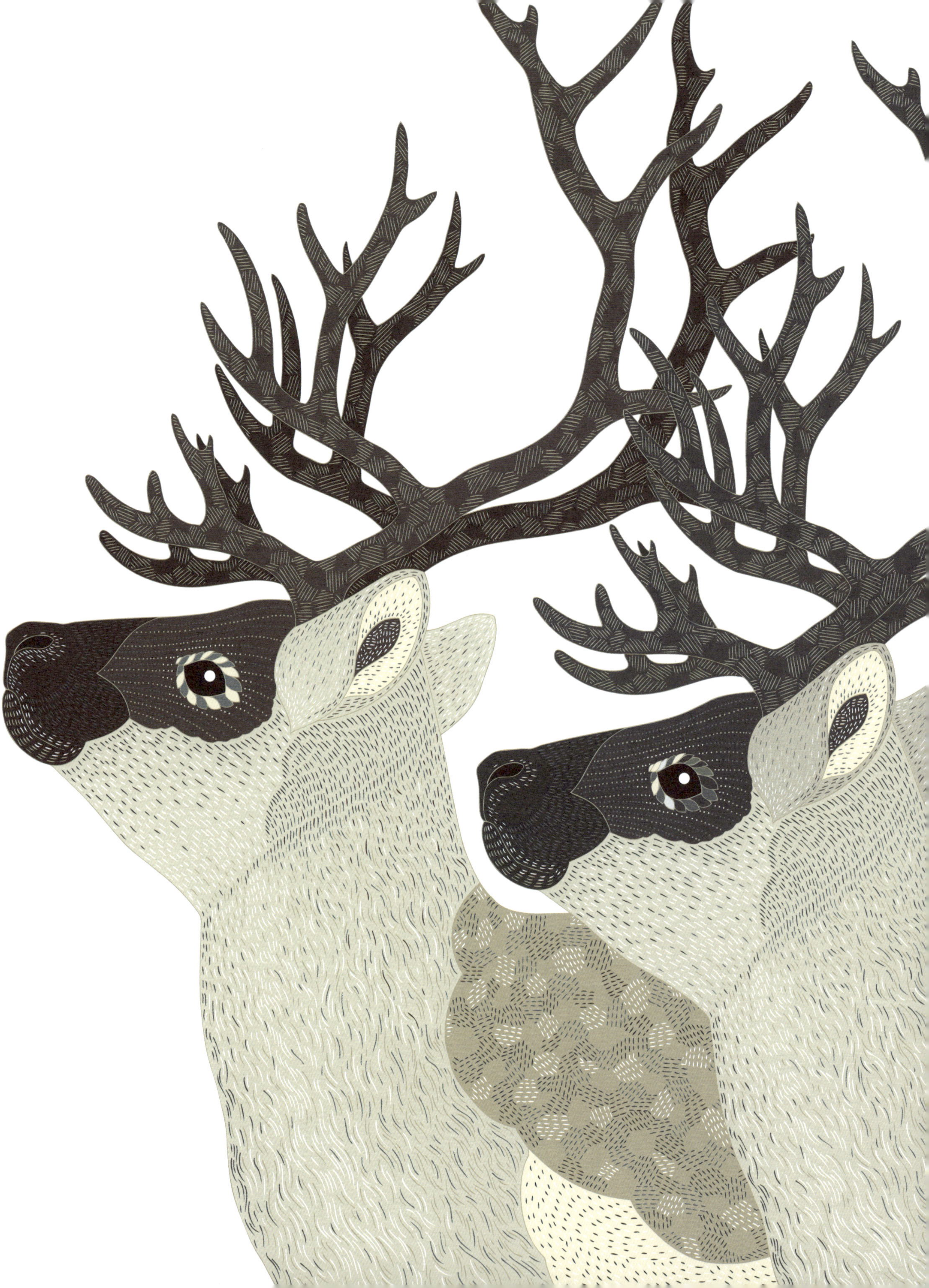

The incredible shrinking reindeer 急速減少中的馴鹿

Caribou
馴鹿

馴鹿每年夏天都會走在世世代代一直依循的道路上，遷徙到北方覓食。在馴鹿安家的地方，即使是夏天，氣溫也很低，但牠們已經做好了充分的準備。

牠的大蹄子就是功能最良好的雪鞋、是過河的槳，更是覓食時的鏟雪機。當牠走路的時候，腳關節會發出咔嗒聲，這樣一來，在能見度很低的時候，整群馴鹿還是能走在一起。而牠的毛皮有溫暖的底層，和隔絕冷空氣的外層。為了應對黑暗的冬季，牠們的眼球後方在夏天時是金色，冬天就轉變為藍色，可以讓眼睛反射出去的光線變少。柔軟的鼻子裡有密密麻麻的血管網，可以將空氣加熱後再送往肺部。

遷徙的馴鹿群大約有著幾千隻馴鹿，群聚而成一個巨大的群體在陸地上移動。隨著全球暖化，更長的夏季表示有更多的草，馴鹿群的體重會增加，而母馴鹿懷的小鹿也不只一隻。不過接下來，暖冬帶來的是雨而不是雪。雨會結冰形成一道屏障，擋住底下多汁的青草和植物。母馴鹿吃不到足夠的食物，許多小馴鹿也無法存活，而能存活的體型也會小很多，甚至拉不動聖誕老公公的雪橇。

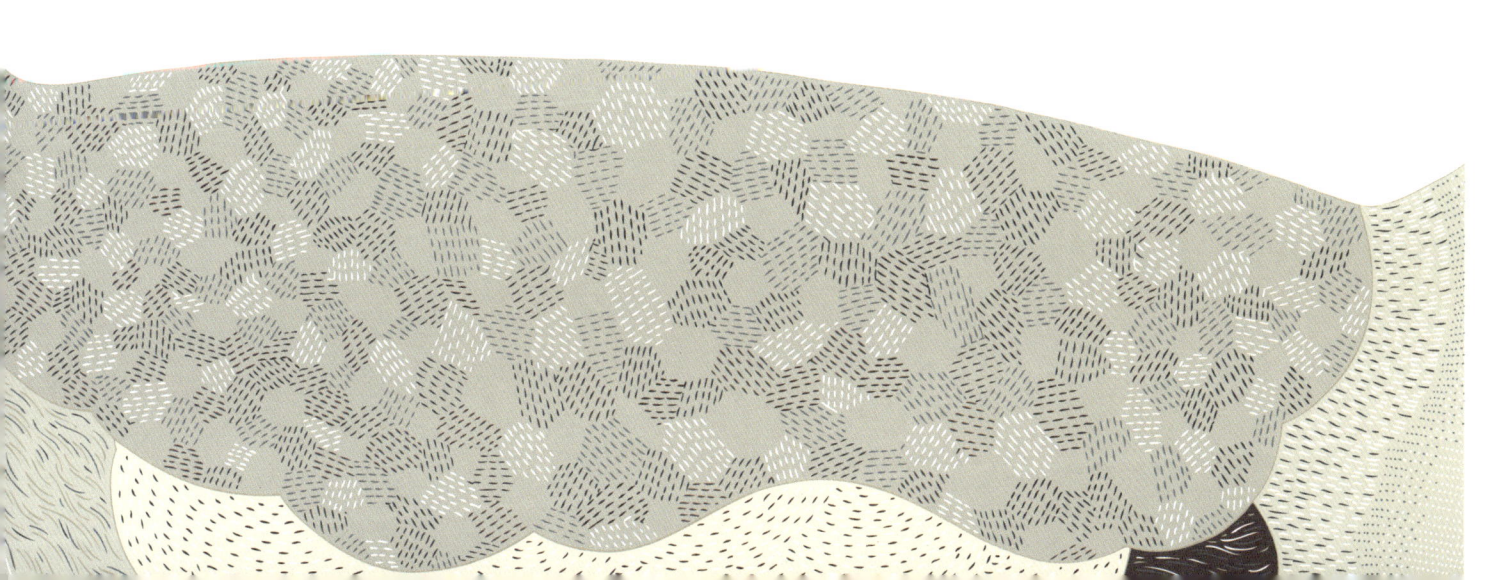

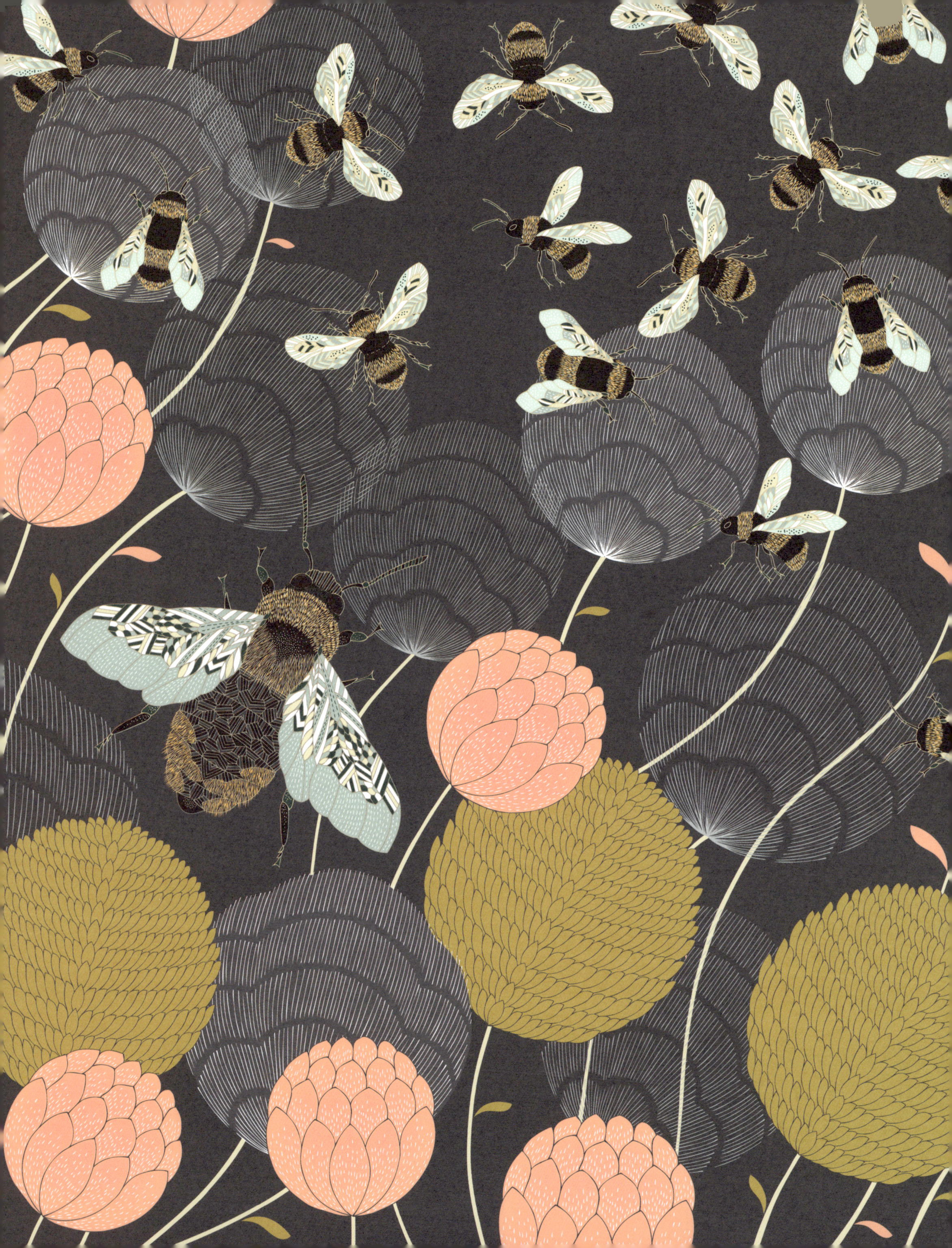

Breaking and entering 破門而入
Suckley Cuckoo Bumble Bee
杜鵑熊蜂

「嗡嗡嗡，嗡嗡嗡，大家一起勤做工」，我們對這些辛勤工作、認真授粉的小蜜蜂，都有著類似的印象。但並不是所有的蜜蜂都是團結認真的化身，杜鵑熊蜂就不會仿效其他蜜蜂的行為，相反的，牠會模仿杜鵑——一個狡猾的騙子，樂於坐下來讓別人去做所有的苦差事。既然可以偷別人的巢，何必費心去築巢呢？既然在某個地方，有一群願意照顧孩子的保姆，何必自己撫養孩子呢？

這種蜜蜂完全掌握了占人便宜的藝術。首先，雌蜂會明智地選擇適合的蜂群：要大到足以提供足夠的保姆，但又不能太大到工蜂可能反撲並擊敗牠。牠會仔細觀察目標，沾染牠的氣味，好讓牠能潛入蜂巢。搬進來後，很快地找到和牠長得很像的女王蜂，因為工蜂很忙碌，不會去注意細微的差異。接著牠會殺死或制服原有的女王蜂，開始產下自己的卵，由毫無疑心的工蜂去撫養。

杜鵑熊蜂或許是騙子，但牠們也是傳粉者。在這個依賴植物授粉才能提供食物的世界裡，每一個傳粉者都很重要，即使是那些狡猾的冒名頂替者也不例外。

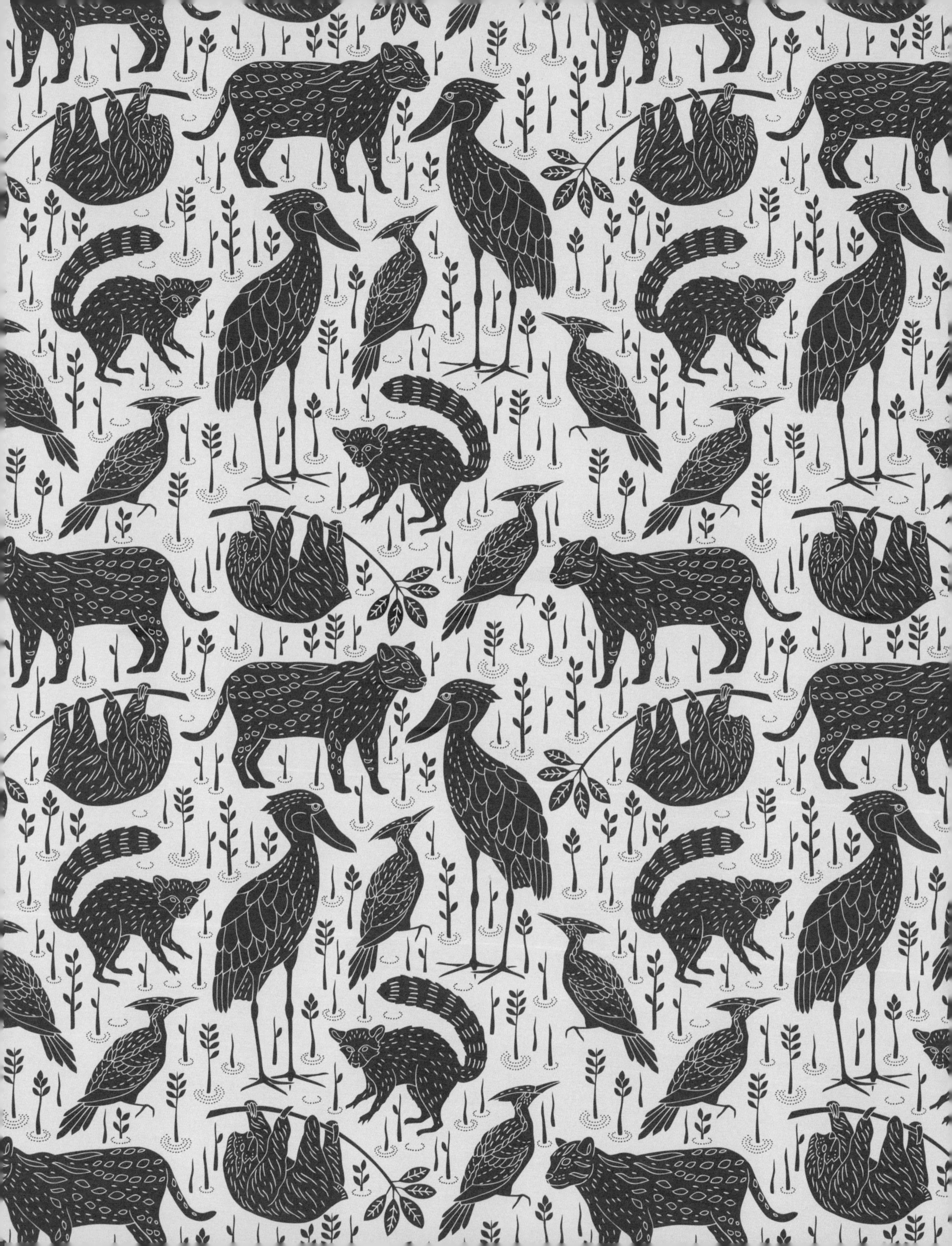

一

濕地

沼澤、草澤、泥炭沼澤、酸沼、紅樹林、河口、泥灘、三角洲，和河漫灘……濕地可以是鹽水、淡水，或兩者的混合物，其間通常點綴著許多植物，其中一些是永久性的，而另一些則只在洪水或大雨之後生存一段時間，而且通常是出現在剛好高出地表的小塊土地、島嶼和河岸上。濕地可以很廣闊，覆蓋數萬平方公里，或是跟花園池塘差不多大。

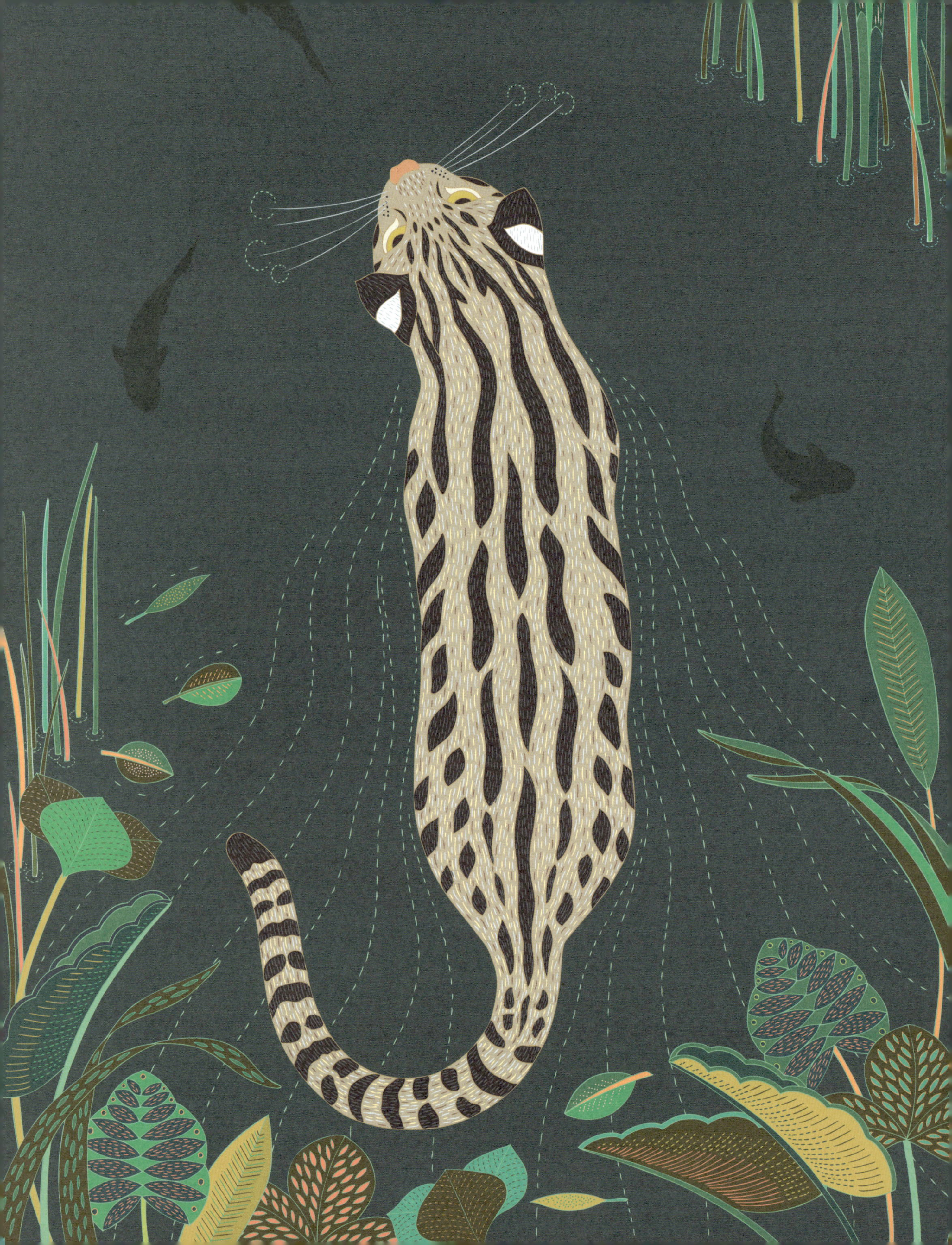

Swimming for its supper　為晚餐游泳

Fishing Cat
漁貓

　　在斯里蘭卡濕地的茂密植被深處，一隻漁貓動也不動地蹲在岩石上，擺著預備姿態，隨時準備出擊，這種貓科動物並不介意把爪子弄濕。她看起來就像家貓，但身體有一公尺長，體重可達 16 公斤，是半水生動物。她身上雙層毛皮的防水效果很好，長而粗的毛可以防水，底層的細毛可以禦寒防潮。潛入水中時，她們的耳朵會向後攤平，爪子不會完全縮回，是抓魚的完美工具。

　　與此同時，在斯里蘭卡首都可倫坡的住宅區，城市裡的漁貓穿過馬路，爬上花園的圍牆，尋找被當作寵物養在花園池塘裡的錦鯉。

　　漁貓喜歡吃的不只有魚，雞鴨之類的家禽也讓牠無法抗拒，但吃這些動物會引起人類進行報復。牠和遠親獅子、老虎，和豹不同，這隻魅力十足的貓科動物並不有名，所以人們沒有注意到牠的困境，牠只能繼續等待可以走到聚光燈下的時機。

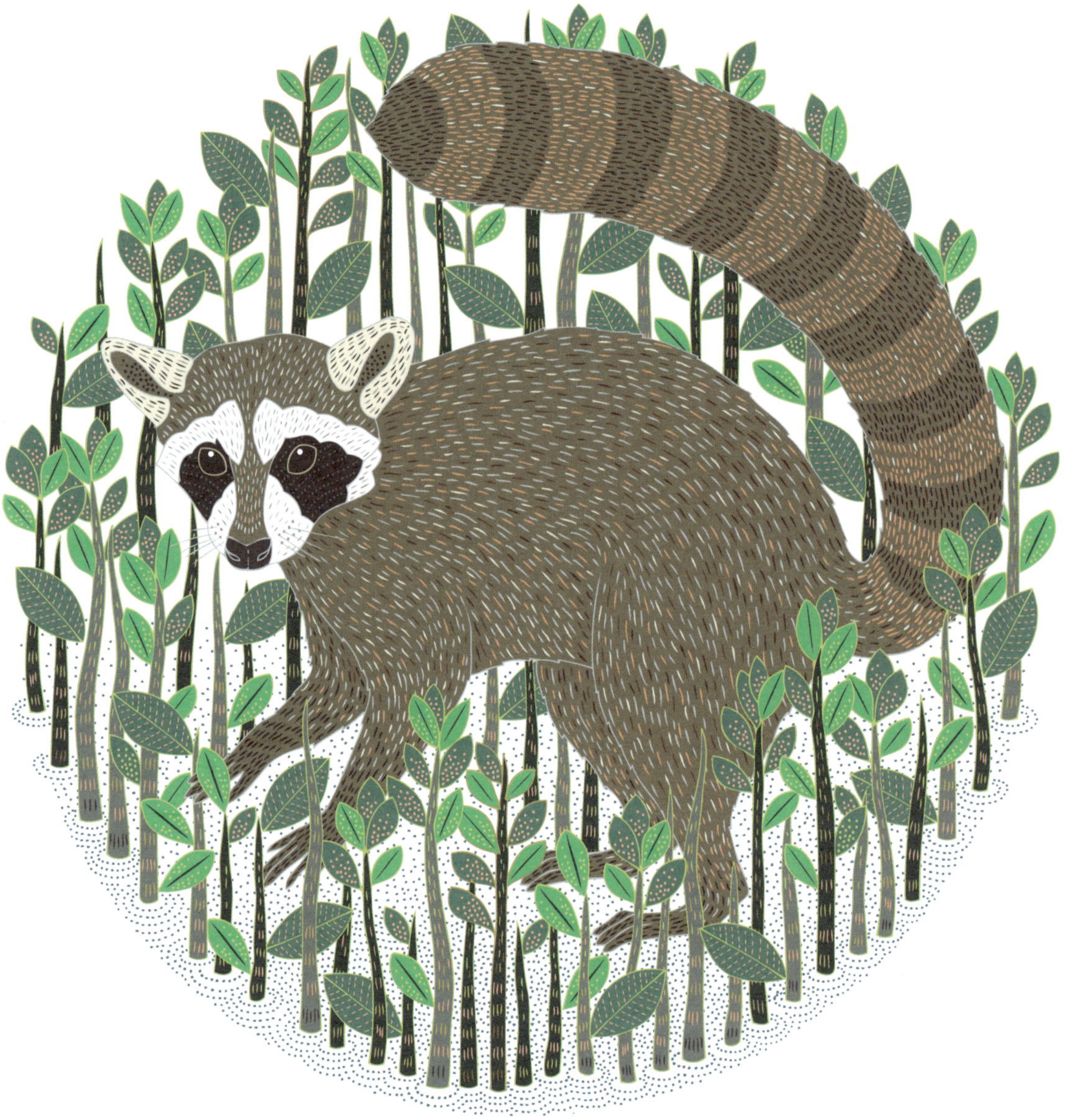

Friendly to a fault 善待錯誤

Pygmy Raccoon
科蘇梅爾浣熊

　　科蘇梅爾浣熊外向、厚臉皮，而且還是機會主義者，牠們是天生的獵人，可以輕易捕捉到螃蟹、小龍蝦和青蛙，而現在牠們找到了新的食物來源。

　　在墨西哥猶加敦半島 15 公里外，有個科蘇梅爾島，許多家庭在半島北端野餐時，這些小爪子就在灌木叢中動來動去，黑黑的大眼睛盯著那些美味的點心。然後，一隻科蘇梅爾浣熊一點也不害羞地上前，開始乞討，甚至直接伸手去抓人類面前的迷人佳餚。

　　和科蘇梅爾浣熊一起野餐，這是多麼令人愉快的事情。但除了對浣熊腰圍的擔憂外，真正的危險在於，牠們現在都聚集在人類所在的地方，而不是分散在自然棲息地中，這表示有近親繁殖的風險。

　　科蘇梅爾浣熊，雖然行為舉止就像土匪，卻不像牠們在北美的遠親那樣，被視為危險的小亡命之徒。兩者其實是完全不同的物種，科蘇梅爾浣熊只生活在這個小島上，是世界上最稀有的肉食動物之一。一般認為，牠們是在 10 萬多年前，島嶼與大陸分離時，與牠們的親戚們隔離開來的，而且逐漸進化成小很多的模樣，這些小東西現在只有牠們原始體型的一半。

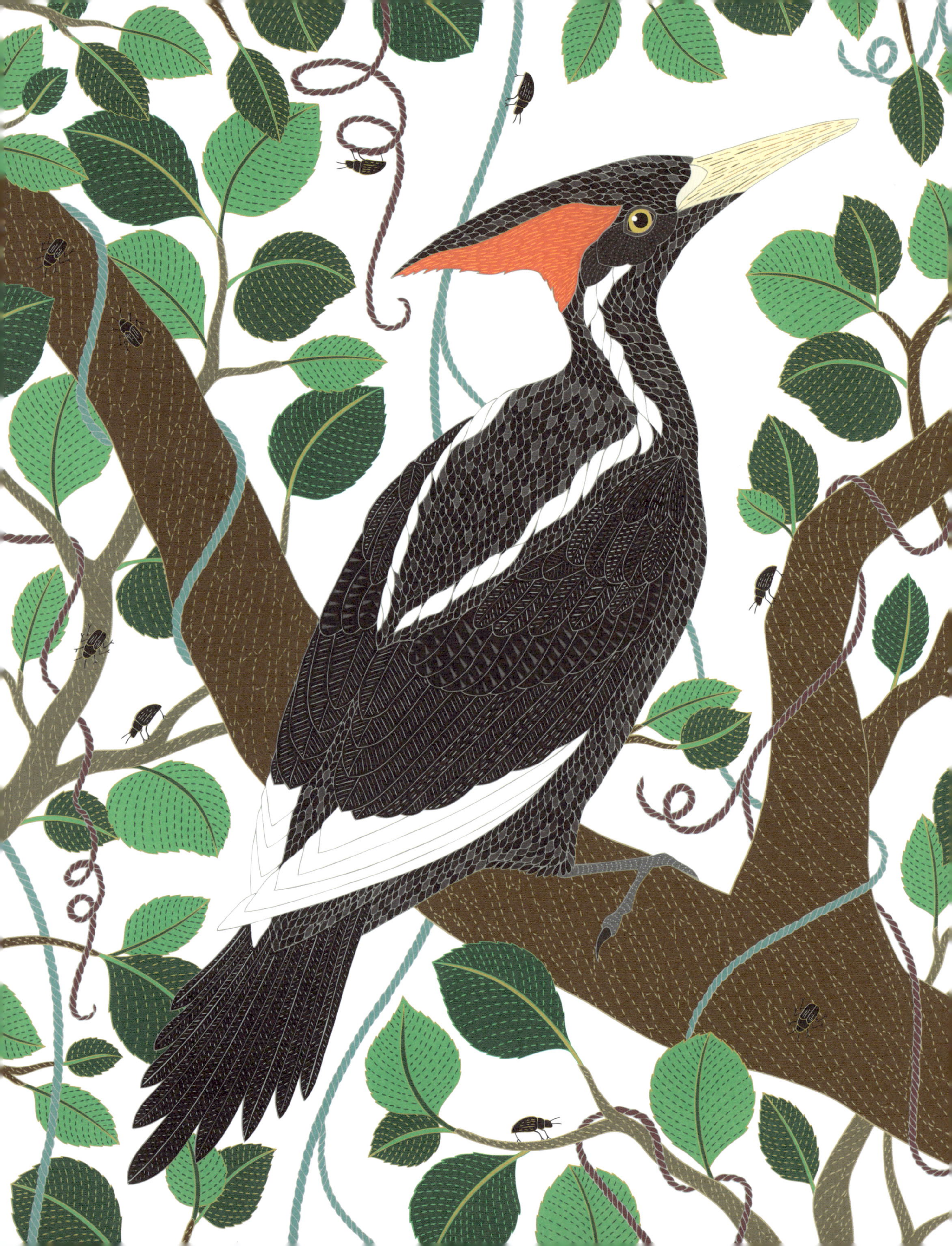

Back from the dead 死而復生

Ivory-billed Woodpecker
象牙喙啄木鳥

我們很難判斷一個物種什麼時候真正滅絕，然而南秧雞和草原西貒似乎都死而復生了。60 年前，是人們最後一次在阿肯色州的低地沼澤森林裡看到象牙喙啄木鳥，但牠會不會也是另一個祕密的倖存者呢？

這種啄木鳥被稱為「神鳥」，因為人們非常喜愛牠燦爛奪目的羽毛、鮮紅色的冠毛（雄性）和白色的大喙。象牙喙啄木鳥是世界上第三大啄木鳥，牠們的喙並不是象牙，而是由骨頭和角蛋白（就像我們的指甲）所組成，有些美洲原住民覺得非常珍貴，甚至連遠離鳥類舊棲息地的地方，都曾挖掘出這種喙（可能是被作為交易物品）。

一張在 2005 年拍攝到的影片，讓很多人相信這種象牙喙啄木鳥已經從被遺忘的狀態中回來了。一組生物學家乘坐獨木舟在水面上靜靜地漂流，他們急切地想要證實，在廣闊的沼澤地裡，有一隻象牙喙啄木鳥在四處遊蕩。從遠處傳來了一聲洩漏行跡的嗒嗒聲，接著是鳥叫聲，也就是這種鳥類的典型叫聲：嘟嘟，嘟嘟，很像玩具喇叭或玩具車的喇叭。接著，一道黑白和亮紅色的身影閃過。

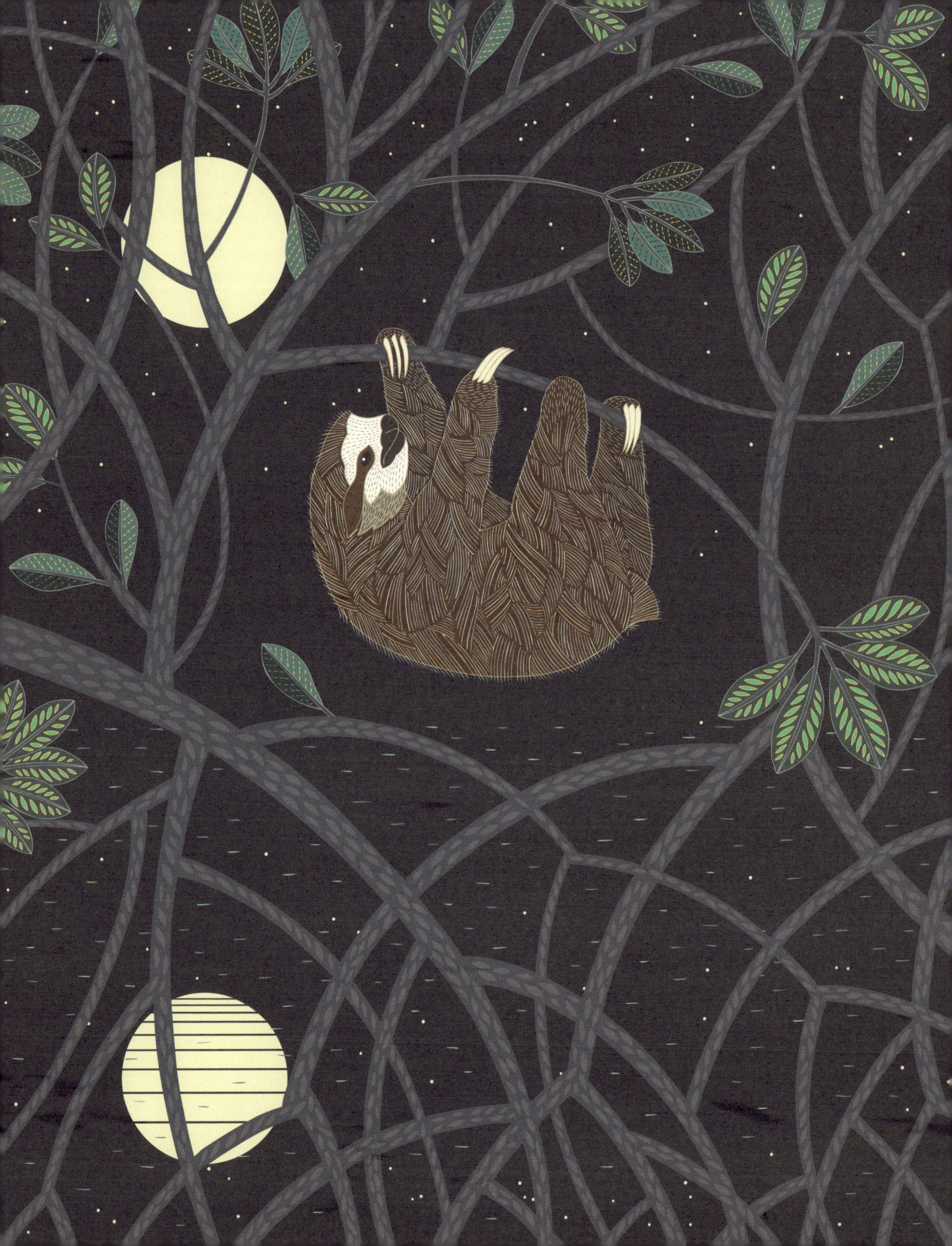

Life in the slow lane 慢生活

Pygmy Three-toed Sloth
侏三趾樹懶

樹懶以行動遲緩而聞名。的確，牠們的移動速度慢到毛皮上會長出綠藻。聽起來也許不是很吸引人，但有助於讓牠們隱藏在樹葉覆蓋的綠蔭下，也就是牠們的家。另一方面，速度慢還能保護牠們不受傷害，因為自然界的掠食者是受動作所吸引，所以樹懶反而較不會被發現。

侏三趾樹懶只存在於加勒比海的一個小島上：埃斯庫多德維拉瓜斯島（Isla Escudo de Veraguas），島上沒有人類居住。大約 9,000 年前，這個島與大陸分離，樹懶就被放逐了。為了在這麼小的陸地上生存，牠們的體型縮小了 40%，成長速度也變得更慢，也許是因為跟大陸上的樹懶不同，牠們在這裡只有紅樹林樹葉可以吃，營養不良，熱量也低。

這些悠閒迷人的動物總是掛在樹上，但令人驚訝的是，牠們也是游泳健將，這要歸功於牠們膨脹而充滿氣體的腹部，裡面都是正在發酵的紅樹林樹葉。因此當牠們在水中做狗爬式滑手時，可以穩穩的漂浮在水面上，且在水中移動的速度還比在陸地上快。

但對於這位無憂無慮的加勒比海島居民來說，生活不再是天堂。世界上有六種不同的樹懶，而侏三趾樹懶是所有樹懶中最瀕危的。

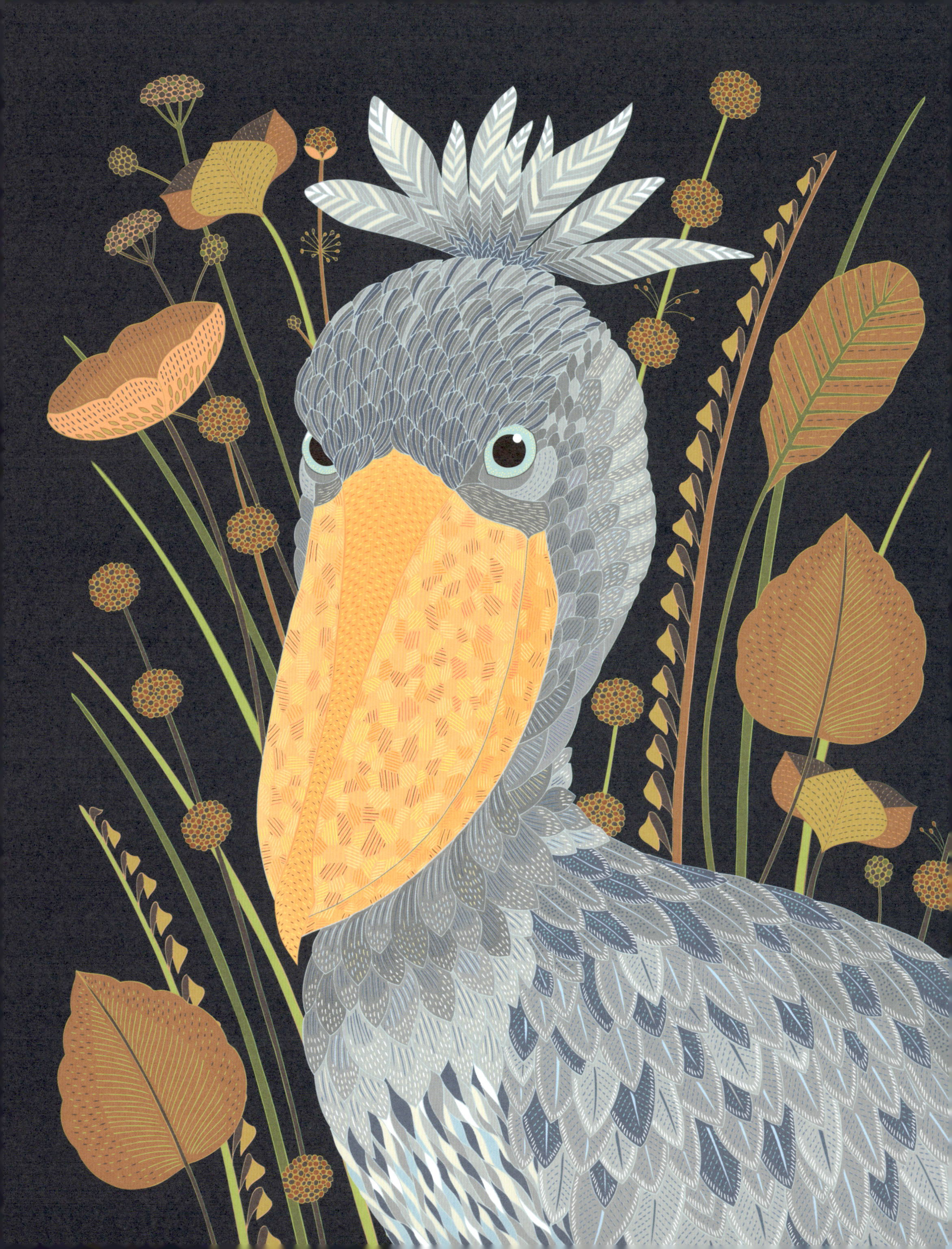

If looks could kill 笑面殺手

Shoebill
鯨頭鸛

　　想尋找鳥類和恐龍之間的關係嗎？看看這隻巨大的鯨頭鸛吧，牠站起來高達 1.4 公尺，這隻鳥就是你在找的最佳例子。牠巨大的喙有 23 公分長，10 公分寬，前端逐漸變細，成了一個鋒利的鉤子，看起來就像帶著威脅的微笑。牠埋伏在熱帶沼澤和草沼中等待，尋找鯰魚、鰻魚、蛇，甚至是鱷魚寶寶，以及牠最喜歡的、聽起來就很美味的肺魚。牠靜靜看著，灰色的眼瞼緩慢的眨著。然後突然猛撲過來，抓起牠的晚餐，用那可怕的鉤子把獵物剖開來。這隻邪惡的鳥總是孤身行動，大部分時候是沉默的。牠的喙所發出的咔嗒聲，聽起來很像機關槍開火的聲音。牠甚至會攻擊弱小的兄弟姐妹，不停的啄牠，直到把牠趕出巢穴。

　　但是，儘管鯨頭鸛有種種可怕的特性，牠還是需要我們的支持。而且從某些方面來說，牠還是相當可愛的。牠的喙很嚇人，但是身體卻很笨重，以至於幼鳥會常常頭重腳輕，甚至因為頭太重了而跌倒。每當牠們用喙發出咔嗒咔嗒的聲音，頭上那些像喜劇演員才會配戴的羽毛就會搖來搖去。牠的凝視，非常強烈，但還是有一點調皮的感覺。一旦你注意到這些，就很難把鯨頭鸛看作是某種長羽毛的怪物了。

Where in the world? 牠們在哪裡？——瀕危物種地圖

北美洲

非洲

南美洲

歐洲

亞洲

澳洲

南極洲

威脅在哪裡？
瀕危物種檔案

本書中的所有動物都被國際自然保護聯盟（IUCN）認定為「受威脅物種」，意思是在不遠的將來，就有完全絕種的風險。「IUCN紅色名錄」是世界上最全面的動植物物種保護狀況記錄，書中的每一物種，都在紅色名錄中受威脅物種的清單裡。

譯注：討論IUCN紅色名錄時，「受威脅物種」是被列入以下三個級別的物種之總稱：

- 極危（Critically Endangered, CR）：在野外正面臨絕種的極端高度風險。
- 瀕危（Endangered, EN）：在野外正面臨絕種的非常高度風險。
- 易危（Vulnerable, VU）：在野外正面臨絕種的高度風險。

海洋

虎尾海馬（p.9）
英文名：Tiger tail seahorse
學名：*Hippocampus comes*
威脅狀態：易危（VU）
成年個體數量：不明
地理位置：亞洲東南部
具體威脅：人類捕捉虎尾海馬用於傳統藥材，或作為寵物飼養，甚至當作陰森的紀念品。另外，棲息地被破壞、被用來捕捉其他物種的網子纏住，對牠們來說也是嚴重的威脅。

曲紋唇魚（p.11）
英文名：Humphead wrasse
學名：*Cheilinus undulates*
威脅狀態：瀕危（EN）
成年個體數量：不明
地理位置：印度洋、太平洋
具體威脅：曲紋唇魚是活礁魚貿易中最昂貴的魚類之一，極容易被偷獵。

歐洲鰻（p.13）
英文名：European eel
學名：*Anguilla Anguilla*
威脅狀態：極危（CR）
成年個體數量：不明
地理位置：歐洲、北非
具體威脅：河道中的人造障礙物、污染、過度捕撈，和非法貿易，都是造成歐洲鰻數量減少的原因。

路易氏雙髻鯊（p.15）
英文名：Scalloped hammerhead shark
學名：*Sphyrna lewini*
威脅狀態：瀕危（EN）
成年個體數量：不明
地理位置：大西洋西部與東部、印度洋、太平洋西部與東部
具體威脅：路易氏雙髻鯊的主要威脅是過度捕撈，牠們的鰭是製作魚翅湯的重要原料。另外，牠們也會被獵捕其他物種的漁網捕獲。

海獺（p.17）
英文名：Sea otter
學名：*Enhydra lutris*
威脅狀態：瀕危（EN）
成年個體數量：不明
地理位置：加拿大、俄羅斯、日本、墨西哥、美國
具體威脅：石油外洩是海獺最大的威脅，但還有其他危險，包括氣候變化、疾病，和新的掠食者——虎鯨。

漂泊信天翁（p.19）
英文名：Wandering albatross
學名：*Diomedea exulans*
威脅狀態：易危（VU）
成年個體數量：20,100
地理位置：南極海
具體威脅：每年都有數千隻漂泊信天翁因意外被捕獲而死，他們是延繩捕魚法的受害者。其他危險包括了污染、氣候變化，和外來物種入侵，例如捕食雛鳥的野貓。

森林

達爾文狐（p.23）
英文名：Darwin's fox
學名：*Lycalopex fulvipes*
威脅狀態：瀕危（EN）
成年個體數量：估記659～2,499
地理位置：智利
具體威脅：家犬的攻擊和傳染疾病，是這種狐狸的主要威脅。棲息地的喪失、狩獵和誘捕，也是嚴重的危險。

齒鳩（p.25）
英文名：Little dodo bird
學名：*Didunculus strigirostris*
威脅狀態：極危（CR）
成年個體數量：50～249
地理位置：薩摩亞
具體威脅：狩獵是一個很大的問題，因為齒鳩經常被誤認為其他相似的鳥，並被意外捕獲。野生貓科動物和老鼠的襲擊，以及氣候變化，也都構成了威脅。

角囊蛙（p.27）
英文名：Horned marsupial frog
學名：*Gastrotheca cornuta*
威脅狀態：瀕危（EN）
成年個體數量：不明
地理位置：中南美洲
具體威脅：一種叫做壺菌病的致命疾病，對角囊蛙是極大的威脅。其他危險包括森林濫砍和污染。

查島鴝鶲（p.29）
英文名：Black robin
學名：*Petroica traversi*
威脅狀態：瀕危（EN）
成年個體數量：230
地理位置：紐西蘭
具體威脅：氣候變化和極端氣候對所剩不多的查島鴝鶲構成了嚴重威脅。未來，任何新的疾病都可能給這種近親繁殖的物種帶來很大的問題。

毛腿漁鴞（p.31）
英文名：Blakiston's fish owl
學名：*Bubo blakistoni*
威脅狀態：瀕危（EN）
成年個體數量：1,000～2,499
地理位置：俄羅斯、中國、日本
具體威脅：棲息地被破壞是毛腿漁鴞的主要威脅。牠的食物來源被過度捕撈、污染、狩獵和誘捕，碰撞電線及被漁網捕獲，也是導致數量減少的原因。

㺢㹢狓（p.33）
英文名：Okapi
學名：*Okapia johnstoni*
威脅狀態：瀕危（EN）
成年個體數量：不明
地理位置：剛果民主共和國
具體威脅：㺢㹢狓的主要威脅是棲息地喪失和非法武裝組織，他們阻礙了重要保護工作的開展。人們獵捕㺢㹢狓是為了取得牠的肉和皮，但牠們也會被用來捕其他動物的陷阱捉到。

黃眼企鵝（p.35）
英文名：Yellow-eyed penguin
學名：*Megadyptes antipodes*
威脅狀態：瀕危（EN）
成年個體數量：2,528～3,480
地理位置：紐西蘭
具體威脅：在陸地上，白鼬、雪貂和貓等肉食動物對黃眼企鵝都是威脅，此外還有疾病。在水中最大的危險則是被商業捕魚網纏住。氣候變化和人為干擾也都構成了危險。

草原西貒（p.37）
英文名：Chacoan peccary
學名：*Catagonus wagneri*
威脅狀態：瀕危（EN）
成年個體數量：不明
地理位置：南美洲（阿根廷、玻利維亞、巴拉圭）
具體威脅：草原西貒目前的主要威脅是棲息地被破壞，而其他危險還包括疾病，以及人類的肆意捕獵。

沙漠

野生雙峰駱駝（p.41）
英文名：Wild bactrian camel
學名：*Camelus ferus*
威脅狀態：極危（CR）
成年個體數量：950
地理位置：中國、蒙古
具體威脅：獵人會因為牠們的肉或運動用途而捕捉牠們，野生雙峰駱駝還得與家畜爭奪食物和水。此外，棲息地的喪失和使用劇毒的非法開採，對這種獨特駱駝的生存構成了進一步的威脅。

兔耳袋狸（p.43）
英文名：Greater bilby
學名：*Macrotis lagotis*
威脅狀態：易危（VU）
成年個體數量：9,000
地理位置：澳洲
具體威脅：兔耳袋狸面對的最大威脅，是被非本地掠食者（野貓和狐狸）獵殺。在某些地區，兔耳袋狸的棲息地和洞穴被成群的家畜破壞，牠們都在與兔耳袋狸爭奪食物。

戈壁棕熊（p.45）
英文名：Gobi bear
學名：*Ursus arctos gobiensis*
威脅狀態：極危（CR）
成年個體數量：25～40
地理位置：蒙古
具體威脅：如此低的數量，使得戈壁棕熊非常容易受到環境變化和疾病的影響，即使是最小的事件，也可能引起大災難。乾旱和沙漠中水資源的消失，也是非常嚴重的危險。

魔鱂（p.47）
英文名：Devils Hole pupfish
學名：*Cyprinodon diabolis*
威脅狀態：極危（CR）
成年個體數量：少於200
地理位置：美國內華達州
具體威脅：魔鱂相當敏感，池水水位和水質的細微變化，也會造成重大影響，水位下降很容易導致滅絕，因此水的流失是極大的威脅。另外，儘管水池已經圍起來受到保護，牠們依然是人為蓄意破壞的受害者。

淡水

恆河鱷（p.51）
英文名：Gharial
學名：*Gavialis gangeticus*
威脅狀態：極危（CR）
成年個體數量：650～700
地理位置：印度、尼泊爾
具體威脅：恆河鱷過去最主要的威脅是獵捕，雖然這種情況仍然在發生（傳統醫藥會使用牠們的身體部位），但現在，棲息地的破壞才是最重大的威脅。許多恆河鱷會被漁網纏住，有時候人們還會拿牠們的蛋去吃。

塞馬環斑海豹（p.53）
英文名：Saimaa ringed seal
學名：*Pusa hispida ssp. Saimensis*
威脅狀態：瀕危（EN）
成年個體數量：135～190
地理位置：芬蘭
具體威脅：氣候變化影響了降雪，對這些海豹來說是極大的威脅，因為牠們依靠大量的雪來建造巢穴，以保護牠們的寶寶。每年也有一些海豹因為意外被漁網捕獲而死亡，污染和人為干擾也使海豹處於危險之中。

塔斯馬尼亞巨型螯蝦（p.55）
英文名：Tasmanian giant freshwater lobster
學名：*Astacopsis gouldi*
威脅狀態：瀕危（EN）
成年個體數量：約100,000
地理位置：塔斯馬尼亞
具體威脅：這個物種比較喜歡純淨水域，所以對伐木業非常敏感。伐木導致棲息地喪失和環境惡劣。儘管伐木在1998年被禁止，但非法偷獵仍然是一大問題。

墨西哥鈍口螈（p.57）
英文名：Axolotl
學名：*Ambystoma mexicanum*
威脅狀態：極危（CR）
成年個體數量：估記少於 1,000
地理位置：墨西哥
具體威脅：水域受污染、物種入侵，和疾病都威脅著墨西哥鈍口螈的生存。過度捕獵也是問題——烤墨西哥鈍口螈是墨西哥的一道民間美食。

栗腹鷺（p.59）
英文名：Agami heron
學名：*Agamia agami*
威脅狀態：易危（VU）
成年個體數量：不明
地理位置：中南美洲
具體威脅：因為亞馬遜地區有越來越多土地被用來從事農牧業，森林開發成為栗腹鷺的主要威脅。此外，狩獵也會影響牠的生存。

亞洲龍魚（p.61）
英文名：Asian arowana
學名：*Scleropages formosus*
威脅狀態：瀕危（EN）
成年個體數量：不明
地理位置：東南亞
具體威脅：棲息地喪失是亞洲龍魚最主要的威脅。非法捕撈也不時會發生，還有許多人喜歡將其製為美麗鮮豔的標本。

草原

大食蟻獸（p.65）
英文名：Giant anteater
學名：*Myrmecophaga tridactyla*
威脅狀態：易危（VU）
成年個體數量：不明
地理位置：中南美洲
具體威脅：大食蟻獸是棲息地喪失的受害者，尤其是在中美洲。牠們也被當作害蟲獵殺，或獵捕來當作寵物或非法貿易。在巴西，甘蔗園收割前會放火焚燒，許多大食蟻獸也因此喪生。

美國埋葬甲蟲（p.67）
英文名：American burying beetle
學名：*Nicrophorus americanus*
威脅狀態：極危（CR）
成年個體數量：不明
地理位置：美國
具體威脅：沒有人真正肯定這種甲蟲數量減少的原因，但一般認為棲息地喪失、光害污染，以及農藥都脫不了關係。

科摩多巨蜥（p.69）
英文名：Komodo dragon
學名：*Varanus komodoensis*
威脅狀態：易危（VU）
成年個體數量：約 3,000
地理位置：印尼
具體威脅：由於人類活動導致的棲息地喪失、偷獵和獵物種類的減少，都是導致科摩多巨蜥數量減少的原因。

穿山甲（p.71）
英文名：Chinese Pangolin
學名：*Manis pentadactyla*
威脅狀態：極危（CR）
成年個體數量：不明
地理位置：亞洲
具體威脅：穿山甲面臨的最大威脅是捕獵和非法野生動物交易。在中國等亞洲地區，人們認為牠們的肉很美味，而鱗片可用於傳統醫藥，在越南也是如此。

長頸鹿（p.73）
英文名：Giraffe
學名：*Giraffa camelopardalis*
威脅狀態：易危（VU）
成年個體數量：68,293
地理位置：非洲
具體威脅：長頸鹿面臨的最大威脅是棲息地的喪失，和棲息地的大面積破壞，又被稱為「棲息地零碎化」。非法狩獵、人類與野生動物的衝突，以及乾旱等生態變化，也是確實存在的危險。

山脈

中南大羚（p.77）
英文名：Saola
學名：*Pseudoryx nghetinhensis*
威脅狀態：極危（CR）
成年個體數量：估計少於 750
地理位置：寮國、越南
具體威脅：中南大羚的主要威脅是狩獵，或更確切的說，是被用於狩獵其他物種的陷阱、槍和狗意外殺死。牠的棲息地正在被破壞，許多中南大羚因而彼此隔離，無法進行繁殖，可能也是因為如此，目前數量才會如此少。

南秧雞（p.79）
英文名：South Island takahē
學名：*Porphyrio hochstetteri*
威脅狀態：瀕危（EN）
成年個體數量：280
地理位置：紐西蘭
具體威脅：南秧雞面臨著許多威脅，包括棲息地品質下降、酷寒的冬季、近親繁殖、與紅鹿爭奪食物，以及被白鼬等外來掠食者捕食。

洞螈（p.81）
英文名：Olm
學名：*Proteus anguinus*
威脅狀態：易危（VU）
成年個體數量：不明
地理位置：歐洲
具體威脅：洞螈極度依賴乾淨的水，無法忍受污染，比如從地表沖刷到地下的農藥和污水。有些則是被非法捕捉，當作寵物交易。

伊犁鼠兔（p.83）
英文名：Ili pika
學名：*Ochotona iliensis*
威脅狀態：瀕危（EN）
成年個體數量：估計少於 1,000
地理位置：中國
具體威脅：伊犁鼠兔面對的一大威脅，是與家畜競爭合適的牧地。另外，氣候變化或許也是原因之一，隨著地球繼續變暖，伊犁鼠兔向山上撤退，尋找牠們所適應的低溫環境。

巨角塔爾羊（p.85）
英文名：Nilgiri tahr
學名：*Nilgiritragus hylocrius*
威脅狀態：瀕危（EN）
成年個體數量：1,800～2,000
地理位置：印度
具體威脅：巨角塔爾羊的大部分棲息地消失了，取而代之的是種植茶葉、咖啡，和珍奇植物的農園。非法狩獵，加上要與牲畜競爭合適的牧地，使情況更加糟糕了。

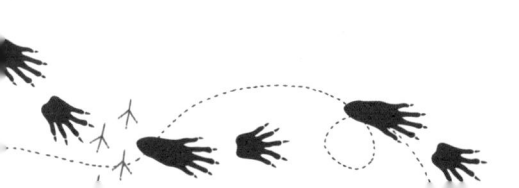

苔原

雪鴞（p.89）
英文名：Snowy owl
學名：*Bubo scandiacus*
威脅狀態：易危（VU）
成年個體數量：28,000
地理位置：加拿大、中國、日本、哈薩克、東亞與中亞俄羅斯、美國、歐洲（瑞典、英國、聖皮耶與密克隆群島、法羅群島、芬蘭、格陵蘭、冰島、拉脫維亞、挪威、俄羅斯）
具體威脅：氣候變化威脅著雪鴞的生存，因為溫度的變化會影響棲息地和獵物。另外，電線觸電、飛機撞擊、被漁網纏住，以及與車輛相撞，都是牠們面臨的危險。

琵嘴鷸（p.91）
英文名：Spoon-billed sandpiper
學名：*Calidris pygmaea*
威脅狀態：極危（CR）
成年個體數量：240～456
地理位置：亞洲
具體威脅：棲息地的破壞和污染都是琵嘴鷸數量減少的主要原因。狩獵也是一大威脅，牠們經常被要捕捉其他物種的網捕獲。另外，氣候變化也對這種鳥類的繁殖區域產生負面影響。

馴鹿（p.93）
英文名：Caribou
學名：*Rangifer tarandus*
威脅狀態：易危（VU）
成年個體數量：2,890,400
地理位置：加拿大、美國、芬蘭、格陵蘭、蒙古、挪威、俄羅斯
具體威脅：對馴鹿來說，氣候變化是最現實的威脅。北極氣溫的上升正在影響降雪和降雨，造成災難性後果。牠們也很容易受到不受監管的捕獵，和棲息地喪失的影響。

杜鵑熊蜂（p.95）
英文名：Suckley cuckoo bumble bee
學名：*Bombus suckleyi*
威脅狀態：極危（CR）
成年個體數量：不明
地理位置：加拿大、美國
具體威脅：農藥、棲息地喪失、氣候變化和空氣污染，正在對全世界的蜜蜂族群產生可怕的影響，杜鵑熊蜂的宿主也陷入了困境。如果宿主不復存在，牠們也將無法生存。

濕地

漁貓（p.99）
英文名：Fishing cat
學名：*Prionailurus viverrinus*
威脅狀態：易危（VU）
成年個體數量：不明
地理位置：亞洲南部與東南亞
具體威脅：隨著亞洲各地的濕地被破壞，變成蝦場和稻田，棲息地的喪失是漁貓面臨的最大威脅。在某些地區，牠們還被獵殺作為食物、藥物，或被取走身體部位。當人們要阻止漁貓偷家禽時，人類與野生動物的衝突也構成一種危險。

科蘇梅爾浣熊（p.101）
英文名：Pygmy raccoon
學名：*Procyon pygmaeus*
威脅狀態：極危（CR）
成年個體數量：192
地理位置：墨西哥（科蘇梅爾島）
具體威脅：棲息地的喪失是科蘇梅爾浣熊的大災難。牠們只有非常小的一塊主要棲息地，但這個區域也是旅遊開發的目標。像狗和蟒蛇這樣的非本地掠食者是一大威脅，其他危險包括近親繁殖，還有汽車和颶風造成的傷害或死亡。

象牙喙啄木鳥（p.103）
英文名：Ivory-billed woodpecker
學名：*Picus principalis*
威脅狀態：極危（CR）
成年個體數量：1～49
地理位置：美國、古巴
具體威脅：多年前，棲息地的破壞和狩獵，是象牙喙啄木鳥數量急劇下降的原因。目前仍在進行的伐木和開墾耕地，對可能還在那裡剩餘的啄木鳥，也構成了非常實際的威脅。

侏三趾樹懶（p.105）
英文名：Pygmy three-toed sloth
學名：*Bradypus pygmaeus*
威脅狀態：極危（CR）
成年個體數量：估計少於 100
地理位置：巴拿馬
具體威脅：侏三趾樹懶面臨的主要威脅是棲息地的破壞，這使得牠原本就很小的島嶼家園變得越來越小。雖然島上無人居住，但有些季節性遊客似乎會非法獵殺樹懶。

鯨頭鸛（p.107）
英文名：Shoebill
學名：*Balaeniceps rex*
威脅狀態：易危（VU）
成年個體數量：3,300～5,300
地理位置：非洲
具體威脅：鯨頭鸛的生存受到許多威脅。越來越多人獵捕牠們來進行鳥類貿易，另外，農業、火災、乾旱和污染，都破壞了牠們的棲息地，而且還有牛會去踐踏鳥巢。

<特別收錄>
台灣的瀕危動物

藉由這本書，我們認識了許多位於地球各個角落，且正逐漸消失的美麗物種，不過，你知道嗎？台灣也有許多同樣面臨危機的動物！身為這塊土地的一份子，牠們也需要大家的關注和幫助。現在，就從我們身邊開始做起吧！

根據台灣野生動物保育法規定，野生動物區分為兩類：保育類及一般類。其中保育類又分為以下三級：

I：表示瀕臨絕種野生動物
II：表示珍貴稀有野生動物
III：表示其他應予保育之野生動物

以下從陸域、海洋保育類野生動物名錄中，節選出部分「瀕臨絕種」和「珍貴稀有」的動物。而在這當中，我們也同時根據國際自然保護聯盟「IUCN」的評估標準，列出牠們在全球的「受威脅物種」級別。

石虎
學名：*Prionailurus bengalensis euptilurus/ Prionailurus bengalensis chinensis*
保育等級：瀕臨絕種（I）
世界威脅狀態：無危（LN）
分布範圍：數量稀少，目前只有在苗栗、臺中、彰化及南投等地區有分布記錄。

歐亞水獺
學名：*Lutra lutra*
保育等級：瀕臨絕種（I）
世界威脅狀態：近危（NT）
分布範圍：原本在全島的溪流可以看到牠們的蹤跡，但目前只剩部分生活在金門了。

臺灣黑熊
學名：*Ursus thibetanus formosanus*
保育等級：瀕臨絕種（I）
世界威脅狀態：易危（VU）
分布範圍：出沒在氣候溫和的山區，約在海拔 1,000 至 2,000 公尺區域。

臺灣狐蝠
學名：*Pteropus dasymallus formosus*
保育等級：瀕臨絕種（I）
分布範圍：牠們喜歡棲息在闊葉樹林。目前可能只剩下少數個體位在臺灣東部和離島。

臺灣穿山甲
學名：*Manis pentadactyla pentadactyla*
保育等級：珍貴稀有（II）
世界威脅狀態：急危（CR）
分布範圍：牠們原本遍佈在全島中海拔以下地區，而現在只剩下零星紀錄。

大翅鯨
學名：*Megaptera novaeangliae*
保育等級：瀕臨絕種（I）
分布範圍：大翅鯨的各個亞族群，會隨著季節變化分布在南、北兩極至熱帶的所有溫水與冷水海域。曾在臺灣東部和綠島海域發現牠們的蹤跡。

江豚（露脊鼠海豚）
學名：*Neophocaena phocaenoides*
保育等級：瀕臨絕種（I）
世界威脅狀態：易危（VU）
分布範圍：牠們大多出現在印度洋至西太平洋的近岸水域。中國長江、日韓沿岸海域與亞洲其他地區各有不同類型的江豚棲息。近年在金門有目擊紀錄。

抹香鯨
學名：*Physeter macrocephalus*
保育等級：瀕臨絕種（I）
世界威脅狀態：易危（VU）
分布範圍：抹香鯨的分布範圍廣及全球的深水海域，牠們會隨著季節有明顯的遷徙行動。臺灣東部海域常有抹香鯨的發現紀錄，西部也曾發生過擱淺事件。

黑嘴端鳳頭燕鷗
學名：*Thalasseus bernsteini / Sterna bernsteini*
保育等級：瀕臨絕種（I）
世界威脅狀態：極危（CR）
分布範圍：有「神話之鳥」之稱的黑嘴端鳳頭燕鷗常出現在島嶼沿海，目前全世界不到百隻，海拔分布於 0 至 50 公尺。馬祖近年有築巢紀錄。

黑面琵鷺
學名：*Platalea minor*
保育等級：瀕臨絕種（I）
世界威脅狀態：瀕危（EN）
分布範圍：生活於沙洲、河口、淺灘、濕地。牠們是群居性鳥類，平常可以看到牠們單獨或是小群體行動。

熊鷹
學名：*Mauremys mutica*
保育等級：瀕臨絕種（I）
世界威脅狀態：近危（NT）
分布範圍：可見於海拔 300-2,800m 的森林環境，偶而也出沒於海拔 3,000m 以上的高山，此應屬於中海拔個體御風而上的情形。

草鴞
學名：*Tyto longimembris pithecops*
保育等級：瀕臨絕種（I）
世界威脅狀態：無危（LC）
分布範圍：臺灣本島則以西南部丘陵及平原有較多紀錄，但幾乎各縣市皆有紀錄。

食蛇龜
學名：*Cuora flavomarginata*
保育等級：瀕臨絕種（I）
世界威脅狀態：瀕危（EN）
分布範圍：臺灣本島則以西南部丘陵及平原有較多紀錄，但幾乎各縣市皆有紀錄。

山麻雀
學名：*Passer rutilans*
保育等級：瀕臨絕種（I）
世界威脅狀態：無危（LN）
分布範圍：山麻雀大多棲息在海拔 500 至 1,800 公尺的山區，偶爾會在小米田、茶園發現牠們。近期在低海拔的曾文水庫也有發現牠們的巢，目前正積極在那裡進行山麻雀的復育作業。

大紫蛺蝶
學名：*Sasakia charonda formosana*
保育等級：瀕臨絕種（I）
世界威脅狀態：易危（VU）
分布範圍：分布於海拔 500-2,000 公尺山區。

東方白鸛
學名：*Ciconia boyciana*
保育等級：瀕臨絕種（I）
世界威脅狀態：瀕危（EN）
分布範圍：東方白鸛常在河灘、沼澤等地覓食，偶爾會現身在臺灣濕地。臺北關渡、宜蘭都曾有發現紀錄。牠們還曾在澎湖棲息覓食度冬。

烏頭翁
學名：*Pycnonotus taivanus*
保育等級：珍貴稀有（II）
世界威脅狀態：易危（VU）
分布範圍：烏頭翁分布在海拔 0 至 1,000 公尺的闊葉林，偶爾會在住家附近找到牠們。主要分布在臺灣東部及南部地區。

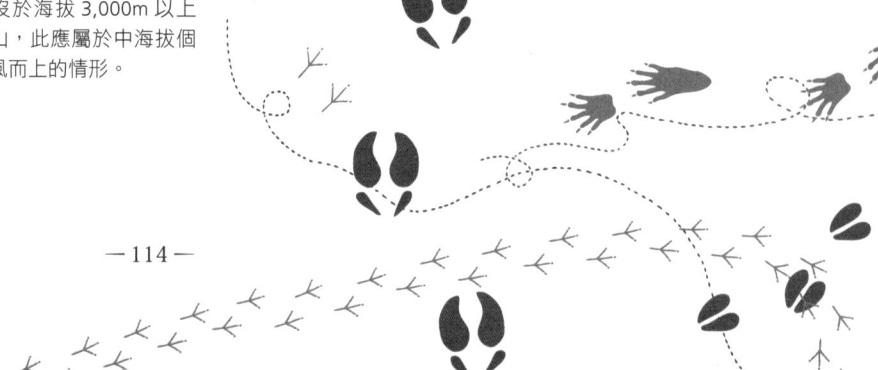

柴棺龜
學名：*Mauremys mutica mutica*
保育等級：瀕臨絕種（I）
世界威脅狀態：極危（CR）
分布範圍：牠們生活在低海拔的河流、池塘、湖泊、溝渠及稻田附近。柴棺龜是半水棲性淡水龜，有時可在山區小路上遇見。

金絲蛇
學名：*Amphiesma miyajimae*
保育等級：瀕臨絕種（I）
世界威脅狀態：易危（VU）
分布範圍：金絲蛇的活動地點在山區潮濕的地面上。牠們大多棲息在闊葉林、草原、墾地。北部海拔 500 至 1,000 公尺山區以及南投的溪頭都有發現紀錄。

綠蠵龜
學名：*Chelonia mydas*
保育等級：瀕臨絕種（I）
世界威脅狀態：瀕危（EN）
分布範圍：我們可以在各大洋熱帶及亞熱帶海域發現牠們的蹤跡。以前在臺灣本島除了西部之外皆有上岸產卵紀錄，但是牠們近年已經很少到本島產卵了，目前僅剩下澎湖、蘭嶼等離島才有紀錄。

玳瑁
學名：*Eretmochelys imbricata*
保育等級：瀕臨絕種（I）
世界威脅狀態：極危（CR）
分布範圍：玳瑁在各大洋熱帶及亞熱帶的珊瑚礁附近都有分布。過去曾有牠們在東沙島上岸產卵的紀錄，近年在澎湖也有發現牠們上岸產卵。

臺灣山椒魚
學名：*Hynobius formosanus*
保育等級：瀕臨絕種（I）
世界威脅狀態：瀕危（EN）
分布範圍：分布地在海拔約 2,400 至 3,200 公尺之間的原始森林中，出沒在臺灣雪山山脈與中央山脈的北段。
目前臺灣 5 種山椒魚都分布都在島內中、高海拔的山區，一樣面臨瀕臨絕種：南湖山椒魚、楚南氏山椒魚、觀霧山椒魚、阿里山山椒魚。

豎琴蛙
學名：*Nidirana okinavana*
保育等級：珍貴稀有（II）
世界威脅狀態：瀕危（EN）
分布範圍：豎琴蛙喜歡棲息在森林中的靜止水域。目前只有在南投魚池鄉以及宜蘭有發現牠們。

諸羅樹蛙
學名：*Rhacophorus arvalis*
保育等級：珍貴稀有（II）
世界威脅狀態：瀕危（EN）
分布範圍：諸羅樹蛙分布在海拔 1,000 公尺以下的農耕地。牠們喜歡棲息在果園、竹林、芒草地、灌叢。目前的分布地點在嘉義、雲林及臺南。

橙腹樹蛙
學名：*Rhacophorus aurantiventris*
保育等級：珍貴稀有（II）
世界威脅狀態：瀕危（EN）
分布範圍：橙腹樹蛙多棲息在原始闊葉林，有時可以在樹木的上層找到牠們。
目前牠們零散分布在宜蘭、台中、高雄、屏東、台東的中低海拔山區。

臺灣櫻花鉤吻鮭
學名：*Oncorhynchus formosanus*
保育等級：瀕臨絕種（I）
世界威脅狀態：極危（CR）
分布範圍：牠們分布在臺灣大甲溪上游。

寬尾鳳蝶
學名：*Papilio maraho/Agehana maraho*
保育等級：瀕臨絕種（I）
世界威脅狀態：近危（NT）
分布範圍：寬尾鳳蝶主要分布在臺灣中部及北部的山區，約海拔 1,000 至 2,000 公尺。

珠光鳳蝶
學名：*Troides magellanus sonani*
保育等級：瀕臨絕種（I）
世界威脅狀態：無危（LC）
分布範圍：棲息在熱帶海岸林。在臺灣地區，只有分布於蘭嶼。曾在墾丁出現。

備註：
「保育等級」為台灣行政院農業委員會「陸域保育類野生動物名錄」及「海洋保育類野生動物名錄」頒布之分級。
〈台灣的瀕危動物〉內容由台灣製作團隊參考以下資料來源查證編整，非原書內容，特此說明。

資料參考來源：
- 農業部林業及自然保育署自然保育網
  https://conservation.forest.gov.tw/
- 環境資訊中心
  https://e-info.org.tw/
- 台灣魚類資料庫
  https://fishdb.sinica.edu.tw/
- 魚知識＋
  https://fishdb.sinica.edu.tw/knowledge_home
- 海洋委員會海洋保育署
  https://www.oca.gov.tw/ch/index.jsp
- 台灣生物多樣性網絡
  https://www.tbn.org.tw/
- IUCN Red List of Threatened Species
  https://www.iucnredlist.org/
- 台灣生命大百科
  http://taieol.tw/

你可以幫什麼忙？

當個真正的自然愛好者，幫忙拯救瀕危的物種吧！以下是一些你可以在家裡、學校、工作場所、社區，甚至全球範圍內做的事情，它們不僅可以幫忙拯救本書中的物種，還可以拯救所有瀕臨滅絕的物種：

- 參與野生動物慈善機構、活動，和保育組織。它們有各式各樣的行動、籌款，和令人興奮的大型活動，你都可以參加，比如「大英淨灘活動（Great British Beach Clean）」，每年都由海洋保護協會舉辦。或者看看大衛·薛波德野生動物基金會（David Shepherd Wildlife Foundation）每年舉辦的全球藝術比賽。有一些組織甚至會到你的學校或社團舉行免費演講或研討會！
- 訂閱它們的電子報，了解最近的新聞、事件，以及採取行動的機會，來支持瀕危的物種。
- 你可以自己舉辦贊助活動，為你最喜愛的保育慈善機構籌款，並提高環保意識。
- 在你的縣市裡當個淨灘或清潔的志工，你甚至可以自己號召舉辦。這是一個非常有效的方法，可以即刻保護當地的野生動物和環境。
- 用你的聲音傳播這些訊息：藉由告訴你的朋友和家人有關瀕危動物的一切，提高大家對這些動物的認識。
- 社群媒體是非常強大的工具，使用它們來告訴世界，你鍾愛的動物正面臨絕種的危險。
- 聯合其他人的力量，簽署請願書、寫信、參加和平示威和抗議活動，旨在讓人們更加認識瀕危物種，及牠們所面臨的威脅。像是「未來星期五」活動，世界各地的年輕人都藉此督促政治人物們對氣候變遷採取行動。
- 當個科學家！參與野生動物調查，如英國皇家鳥類保護協會（RSPB）的「大花園鳥類觀察」，幫忙收集關於你周邊物種的重要資料。
- 盡可能少浪費資源，多做回收。
- 降低你的碳足跡，狀況允許之下，盡量少搭乘汽機車，多走路或騎腳踏車。
- 減少你使用的水量。像是刷牙時把水龍頭關起來，這些小小的改變可以造成極大的差異。
- 絕對不要把有害的化學物質或藥物倒進馬桶裡。
- 避免使用棕櫚油，除非它的來源經過永續認證。
- 盡可能對塑膠製品說不，尤其是吸管和塑膠袋，購物時攜帶你自己的環保購物袋。
- 不要使用對環境和野生動物有害的農藥和除草劑。
- 不要購買使用瀕危動物的身體、毛，或皮製作的產品。

世界上的瀕危物種們，沒有辦法開口為自己發聲，我們同樣身為地球居民，必須為牠們說話，保護牠們和牠們的棲息地。一個人的聲音或許不是很響亮，但如果集結很多人的聲音，就會強大到可以產生改變。

　　你可以在網路上找到更多的環保建議。以下這些網站是很好的起點，但當然還有更多的：

- World Wide Fund for Nature
  worldwildlife.org
- WildAid
  wildaid.org
- Earth Rangers
  earthrangers.com
- World Land Trust
  worldlandtrust.org
- Born Free
  bornfree.org.uk
- David Shepherd Wildlife Foundation
  davidshepherd.org
- Fauna & Flora International
  fauna-flora.org
- RSPB
  rspb.org.uk
- Marine Conservation Society
  mcsuk.org
- International Fund for Animal Welfare
  ifaw.org
- Panthera
  panthera.org
- Wildlife Conservation Society
  wcs.org
- International Union for Conservation of Nature
  iucn.org
- IUCN Red List
  www.iucnredlist.org

台灣野生動物保育相關網站：

- 農業部林業及自然保育署
  https://www.forest.gov.tw/
- 農業部生物多樣性研究所
  https://www.tesri.gov.tw/
- 台灣生物多樣性網絡
  https://www.tbn.org.tw/
- 台灣環境資訊協會 (TEIA)
  https://teia.tw/zh-hant
- 中華民國自然生態保育協會
  http://www.swan.org.tw/
- 中華民國保護動物協會
  http://www.tanews.org.tw/
- 台灣石虎保育協會
  https://www.twlcat.org/
- 台灣黑熊保育協會
  http://www.taiwanbear.org.tw/
- 野生動物急救站
  https://www.tbri.gov.tw/WRRC/index.php

台灣版獨家授權

一同讓這些動物的美麗綻放吧！

提醒：著色時建議於著色紙下方墊紙，以免顏色透到背面。

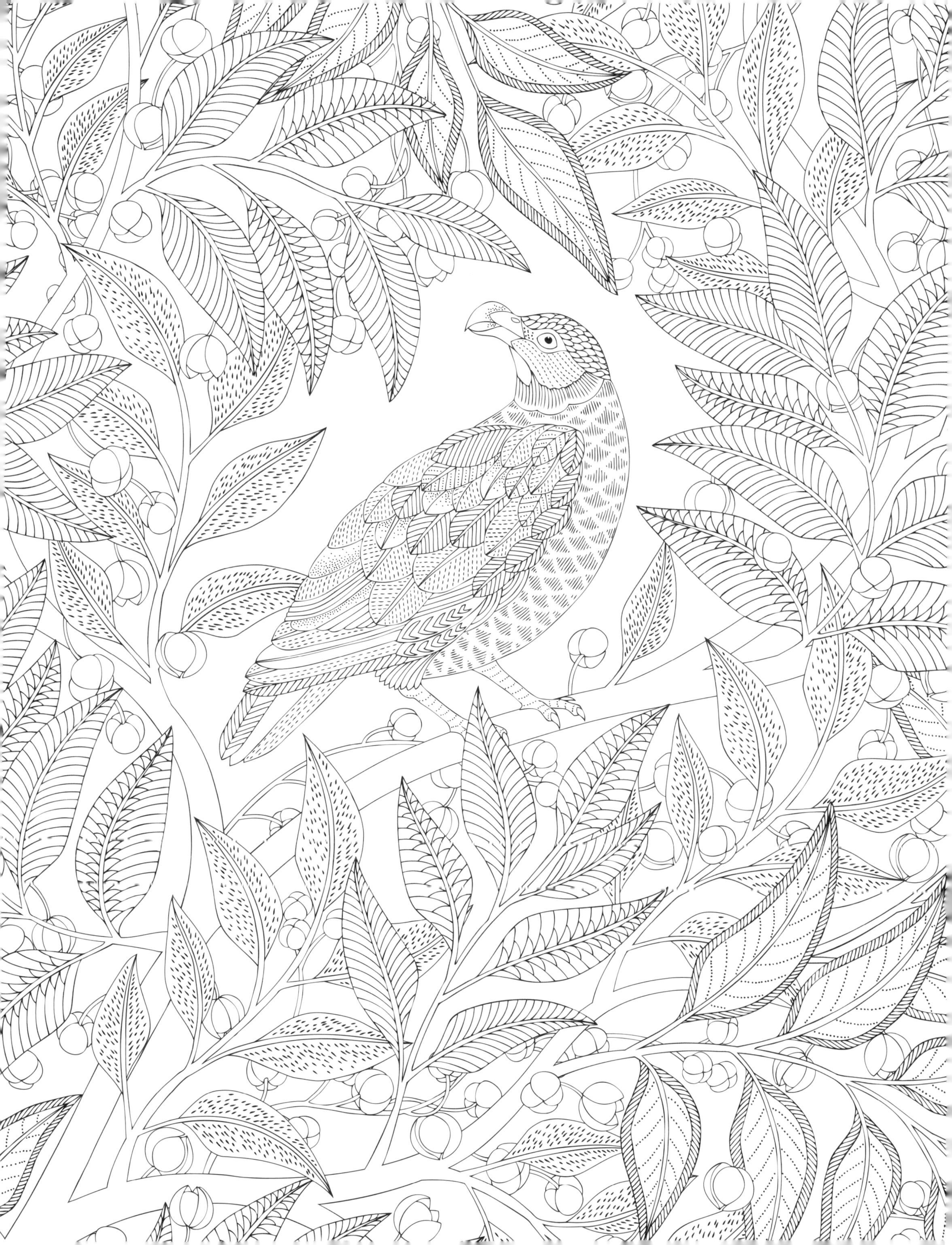

精美著色畫由作者為台灣讀者獨家繪製

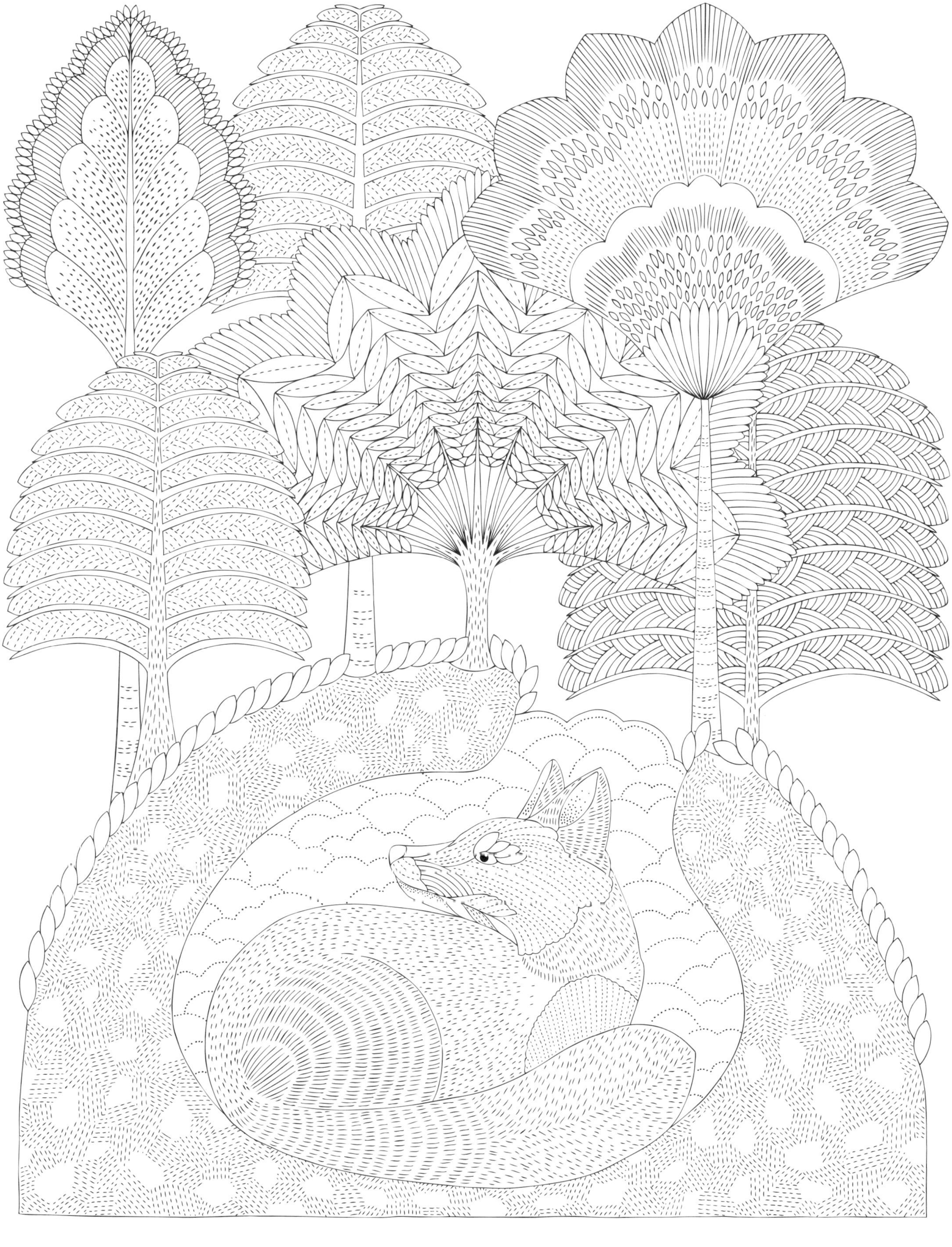

國家圖書館出版品預行編目資料

美麗的滅絕：世界瀕危動物圖鑑/米莉.瑪洛塔(Millie Marotta)作；吳宜蓁譯. -- 二版. -- 臺北市：創意市集出版：城邦文化事業股份有限公司發行, 2025.06
　　面；　公分
譯自：A wild child's guide to endangered animals
ISBN 978-626-7683-34-7(精裝)

1.CST: 瀕臨絕種動物 2.CST: 野生動物保育 3.CST: 通俗作品

383.58　　　　　　　　　　　　　114006893

美麗的滅絕：世界瀕危動物圖鑑（二版）
A Wild Child's Guide to Endangered Animals

作者	米莉‧瑪洛塔(Millie Marotta)	製版印刷	凱林彩印股份有限公司
譯者	吳宜蓁	二版 1 刷	2025年6月
責任編輯	李彥柔、單春蘭		
版面編排	江麗姿	ISBN	978-626-7683-34-7 ／定價　新台幣 520 元
封面設計	走路花工作室	EISBN	9786267683439 (EPUB)／電子書定價 新台幣 390 元
資深行銷	楊惠潔		
行銷主任	辛政遠	Printed in Taiwan	
通路經理	吳文龍	版權所有，翻印必究	
總編輯	姚蜀芸		
副社長	黃錫鉉	城邦讀書花園	http://www.cite.com.tw
總經理	吳濱伶	客戶服務信箱	service@readingclub.com.tw
發行人	何飛鵬	客戶服務專線	02-25007718、02-25007719
出版	創意市集 Inno-Fair	24小時傳真	02-25001990、02-25001991
	城邦文化事業股份有限公司	服務時間	週一至週五9:30-12:00，13:30-17:00
發行	英屬蓋曼群島商家庭傳媒股份有限公司	劃撥帳號	19863813　戶名：書虫股份有限公司
	城邦分公司	實體展售書店	115台北市南港區昆陽街16號5樓
	115台北市南港區昆陽街16號8樓	※如有缺頁、破損，或需大量購書，都請與客服聯繫

香港發行所　城邦（香港）出版集團有限公司
　　　　　　香港九龍土瓜灣土瓜灣道86號
　　　　　　順聯工業大廈6樓A室
　　　　　　電話：(852) 25086231
　　　　　　傳真：(852) 25789337
　　　　　　E-mail：hkcite@biznetvigator.com

馬新發行所　城邦（馬新）出版集團Cite (M) Sdn Bhd
　　　　　　41, Jalan Radin Anum, Bandar Baru Sri Petaling,
　　　　　　57000 Kuala Lumpur, Malaysia.
　　　　　　電話：(603)90563833
　　　　　　傳真：(603)90576622
　　　　　　Email：services@cite.my

※廠商合作、作者投稿、讀者意見回饋，請至：
創意市集粉專 https://www.facebook.com/innofair
創意市集信箱 ifbook@hmg.com.tw

Copyright © Millie Marotta Limited, 2019
First published as A WILD CHILD'S GUIDE TO ENDANGERED ANIMALS in 2019 by Particular Bools, an imprint of Penguin Press. Penguin Press is part of the Penguin Random House group of companies.
No part of this book may be used or reproduced in any manner for the purpose of training artificial intelligence technologies or systems. This work is reserved from text and data mining (Article 4(3) Directive (EU) 2019/790).

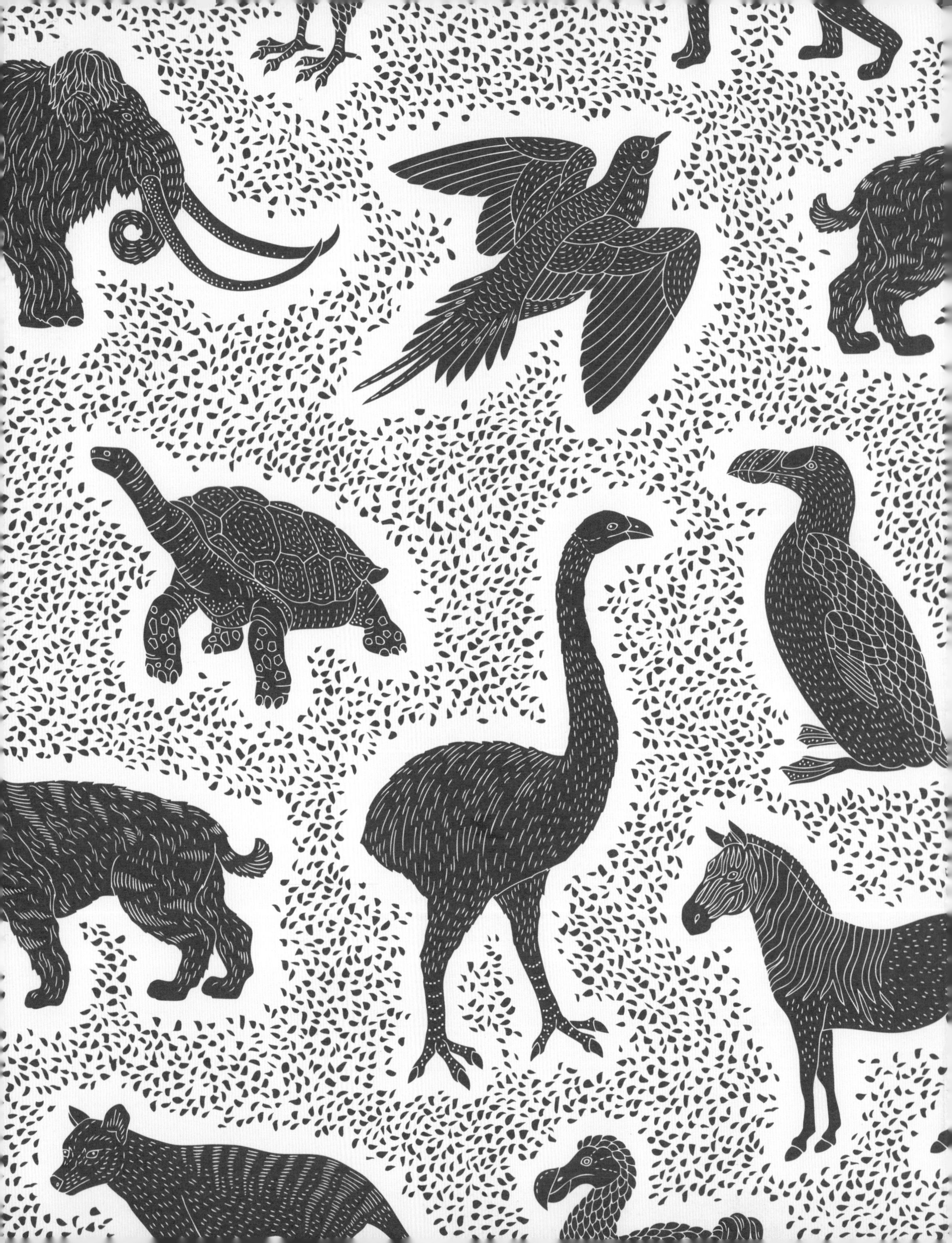